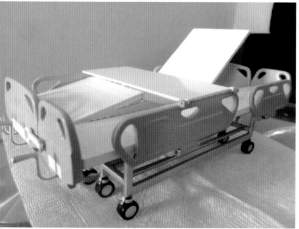

U0310042

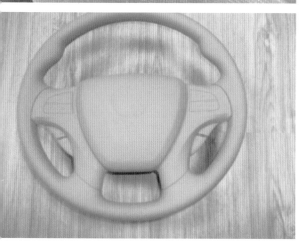
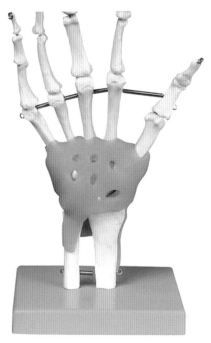
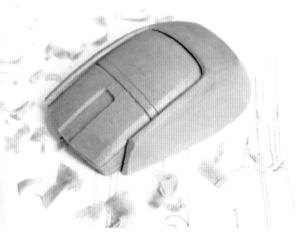

1 汽车油泥缩尺模型

2 激光快速成型手板模型

3 车辆方向盘人机分析模型

4 鼠标放尺模型

5 电动车缩尺模型

6 功能性手关节模型

1 奥迪概念车油泥模型

2,3,4,5 各种材料和用具

6 烟灰缸模型　7 烟灰缸模型效果图

組装完成的圆形花盆模型

标签+Logo
太阳能板
LED灯外壳

三种LED灯

内壳（ABS）

外壳（ABS）

光栅贴图

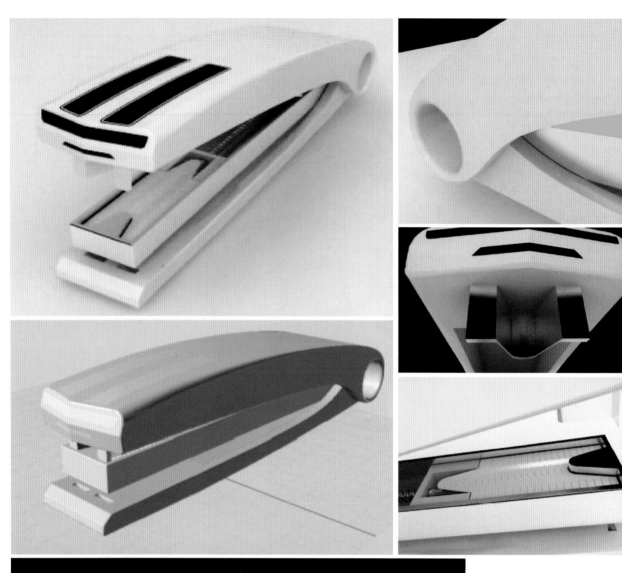

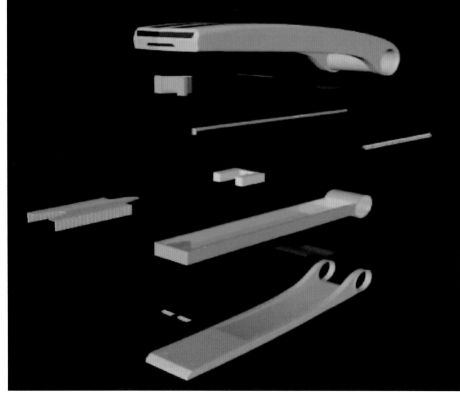

1 订书机效果图

3 订书机三维模型

4 订书机结构爆炸图

2 局部效果图

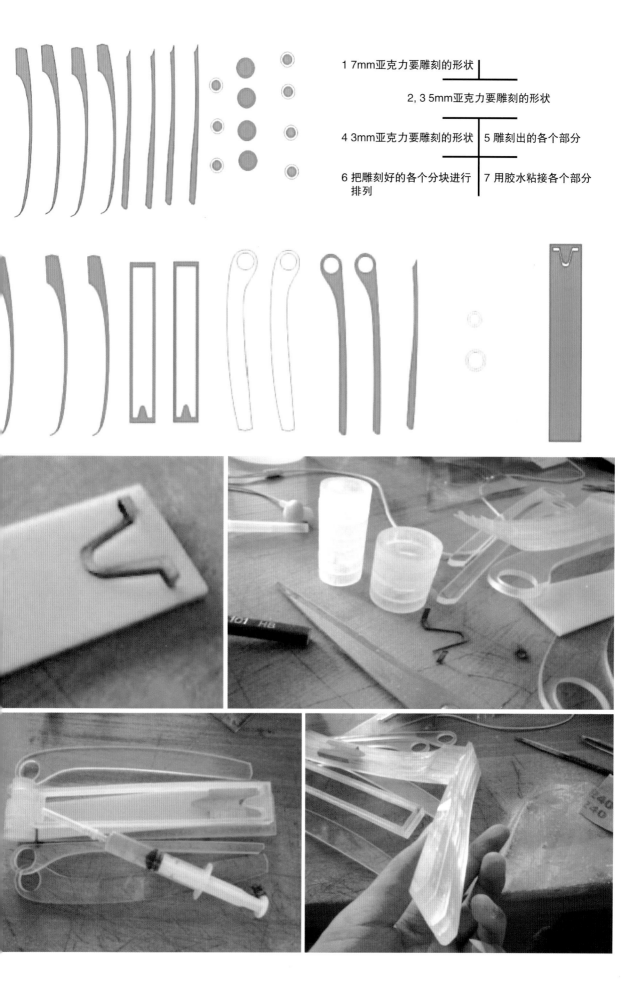

1 7mm亚克力要雕刻的形状

2, 3 5mm亚克力要雕刻的形状

4 3mm亚克力要雕刻的形状　5 雕刻出的各个部分

6 把雕刻好的各个分块进行
排列　7 用胶水粘接各个部分

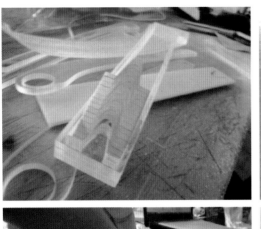

1 用胶水粘接各个部分 ｜ 2 粘接后的订书机模型

3 打磨订书机表面 ｜ 4 喷漆，成型的订书机

5 欧姆钉的三维模型效果图 ｜ 6 欧姆钉手板效果图

7 不同颜色的欧姆钉效果图 ｜ 8 欧姆钉粗模

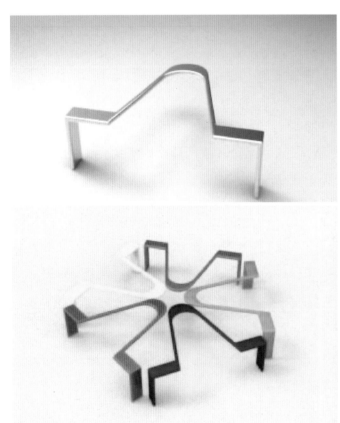
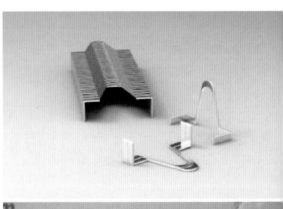

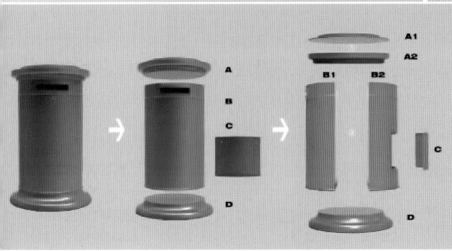

	2	
1	3	
	4	6
5		

1 兔年吉祥物油桶样机模型效果图　　4 初步装订好后的筒身部分

2 兔年吉祥物油桶样机模型　　　　　5 模具结构方案

3 用刮板将表面刮亮　　　　　　　　6 邮筒部分成型

1	2
3	4	5
6

1 小兔的不同面及细节构造

2 母模的打磨

3 给小兔各部分分别上漆

4 在兔子表面涂一层清漆

5 完成制作的小兔模型

6 批量制作的小兔模型

高等教育工业设计专业全系列"十二五"规划教材

产品设计模型制作

李明辉　编著

中国铁道出版社

CHINA RAILWAY PUBLISHING HOUSE

内 容 简 介

本书以产品设计思维为基础，并结合作者的多年教学与实践经验编写而成。主要以训练和提高学生的实际动手能力、三维形态设计的表达能力为目的的。

本书文字简洁、精练，书中配置大量的制作过程图片，形象直观，加强了对教材的理解和掌握，具有较强的实用性。

全书共 9 章，主要内容包括产品模型概述、产品模型制作工具与材料、产品模型制作程序及塑造方法、产品模型制作工艺、玻璃钢模型制作技法、产品模型制作新技术（快速成型技术）、产品模型涂饰技术、产品模型监测评价与安全防范、产品模型制作实例赏析。

本书适合作为普通高等学校工业设计专业和美术专业的教材，也可作为高职高专工业设计和美术专业的教材，亦可作为模型设计与制作从业人员的培训教材和爱好者的参考用书。

图书在版编目（CIP）数据

产品设计模型制作 / 李明辉编著.— 北京：中国
铁道出版社，2014.12（2017.7重印）
高等教育工业设计专业全系列"十二五"规划教材
ISBN 978-7-113-16925-1

Ⅰ.①产… Ⅱ.①李… Ⅲ.①产品设计—模型—高等
学校—教材 Ⅳ.①TB472

中国版本图书馆 CIP 数据核字（2013）第 148069 号

书　　名：产品设计模型制作
作　　者：李明辉　编著

策　　划：马洪霞
责任编辑：马洪霞　贾淑媛
封面设计：佟　囡
封面制作：刘　颖
责任校对：汤淑梅
责任印制：李　佳

出版发行：中国铁道出版社（100054，北京市西城区右安门西街 8 号）
网　　址：http://www.tdpress.com/51eds/
印　　刷：中国铁道出版社印刷厂
版　　次：2014 年 12 月第 1 版　　　2017 年 7 月第 2 次印刷
开　　本：787mm×1 092 mm　1/16　印张：11　插页：4　字数：275 千
书　　号：ISBN 978-7-113-16925-1
定　　价：35.00 元

序

　　产品模型制作为表达产品设计的一种重要手段，它可以形象、直观地表现设计构思，并在模型制作过程中对验证原型构思、完善设计创意具有不可替代的实际意义。对于产品开发中的设计讨论、功能测试、降低成本、产品保密、市场调查、原型展示的各阶段有着不可替代的作用。通常生产成本的 80%是在设计阶段决定的，设计阶段是控制产品成本的重要环节。现代企业的产品研发流程中，工业设计始终起着总揽全局的重要作用。工业设计之初的决策是对产品的设计定位、成本控制、生产制造、质量检测、宣传展示、市场营销以及回收处理等整个周期作全盘考虑，其影响深远。在工业设计流程中，模型制作是重要的环节，从纯手工模型制作到半机械化模型制作到现代 CAM，模型制作的进步是现代制造技术进步的一个缩影。实践证明，模型的制作不仅对产品设计决策起着十分重要的作用，更是产品信息保密及市场推广的利器，不可小觑。随着科学技术的飞速发展及市场需求的不断变化，人们对于产品的需求已经不仅仅满足于功能方面，对于其他情感要素的需求日益突出。这在现代产品开发中的市场考量、公众调研、产品定位、原型分析、服务设计、交互体验、人机工程、市场回馈等环节中作用不断显现。因此，企业对工业设计的重视程度也越来越大。这就要求作为人才培养基地的各类院校的工业设计专业能够培养并输出适合企业及社会需求的人才。

　　该书是明辉老师多年产品设计模型制作实例的综合提炼总结与实际案例探讨实践的有机结合，旨在通过模型设计与制作实践案例应用将产品模型课堂教学及实验对接融合，为产品设计流程的模型验证及讨论等多阶段、多方面提供有效的物质保证。教师分段式进行教学、学生研究性学习项目目标设定，以及本着与实际课题相结合的实践应用、实用有效的务实实作思想下的教学方法，对授课教师是有益的帮助，对学生是有力的学习指引。本书以产品模型制作为中心，在各章节列举了各种材料和各种成形的方法、作用和适用范围，以及制作模型的常规知识和技术技巧。基于这些材料性能、加工工艺、制作手段、实验产品的多技术实现与多手段制作的探讨，有成熟经验，也有探讨的可行性验证研究。本书知识系统全面，技术技巧务实实用，学习目标明确，教学环节有效，又带有探讨性质。书中涉及的不仅仅是产品模型设计与制作环节，更体现出该环节与工业设计产品开发完整流程的密不可分的关系。

产品模型设计与制作在产品开发、工业设计教学和研究中占据着非常重要的地位，本书在诸多实践课题的积累基础上结合产品模型制作教学经验和实践训练，并对知识接受、技术技能训练、实践应用等方面展开讨论。该书在模型理论与设计制作实践同产品样机、产品设计商业化结合上做了大量的探索和有益的尝试，也是产品设计、产品模型设计与制作课堂教学、产品设计实践市场化的连线和接轨，旨在培养市场所需要的一专多能的优秀设计师和模型制作师、一专多能的实践应用型人才，这既是当下市场环境的需求，也是高校教育关注的重点。

2014 年 8 月于山东大学

前　言

随着我国经济的快速发展，主流消费国民已具备了相当的生活品味，他们已从"量的满足"追求"质的满足"及"情感的满足"。工业设计就是伴随着人们的品味和追求扩大成长起来的。因此，企业对工业设计的重视程度也越来越大。这就需要作为培养基地的各类院校的工业设计专业能够培养并输出适合企业及社会需求的人才。

"模型制作"课程是工业设计专业重要的专业基础课程，是工业设计专业人才培养体系中重要实践性课程之一。主要训练和提高学生的实际动手能力、三维形态设计的表达能力。

本书以产品设计思维为基础，并结合作者的多年教学与实践经验编写而成。具有以下特点：

- **理论知识与实践课题有机地结合**。根据专业特点，本书在阐述理论知识的同时特别注重实操性，并在第1~8章按需添加了实践案例课题，全书共11个，符合"卓越工程师教育培养计划"的基本要求，以能力为重、培养全面发展的人才，创新高校与行业企业联合培养人才的机制，改革工程教育人才培养模式，提升学生的造型能力。

- **基础内容讲解面面俱到**。"工欲善其事，必先利其器"，本书在介绍产品模型的概述后，通过第2、3章详尽讲解了模型制作所需要的工具与材料、程序及造型方法。根据新的培养模式要求对课程的相关内容进行优化整合，着眼于工业产品设计的全过程组织教材内容，形成层次分明、由浅入深、由理论到实践的新的教材体系。

- **全面的工艺和丰富的实例有效贯穿**。本书第4章中介绍了黏土、油泥、石膏、泡沫塑料、纸、木质、金属模型的制作，并在过程中添加了相应的实例，例如：油泥模型制作实例——奥迪概念车；石膏模型的制作实例——烟灰缸；塑料板材模型的制作实例——订书机等。让学生了解各种材料在实际应用中根据自身的特性所展现的不同效果与产品设计之初的差别，体现模型在推敲设计过程的真正意义。

- **产品模型设计与制作流程的分解与各阶段的相应解决方案的详解**。本书在第 5～8 章里详细介绍了产品模型设计与制作流程的各个不同阶段的相应解决方式、相应技术及优劣势。这不仅便于学习者能全面地理解和掌握大部分的产品设计模型制作的解决方式和手段,更能很好地对于实践过程中的具体案例做出相应的技术解决措施。

- **上市产品的模型制作全过程赏析**。本书给出的几个实例赏析,具有一定的社会效益,是作者于 2011—2013 年的项目成果,涉及中国邮政、山东银座商城等,体现了工业设计以需求为导向的思想,是融入现代科学技术与艺术于一体的设计,具有实际应用价值,能引领学生体会和拓展产品模型制作的内涵。

全书文字简洁、精练,书中配置大量的制作过程图片,形象直观,加强了对教材的理解和掌握,具有较强的实用性。本书适合作为普通高等学校工业设计专业和美术专业的教材,也可作为高职高专工业设计和美术专业的教材,亦可作为模型设计与制作从业人员的培训教材和爱好者的参考用书。

本书由齐鲁工业大学李明辉编著,山东大学刘和山教授为本书作序,并进行了仔细的审阅,提出了许多宝贵意见和建议,在此致以衷心的感谢。在编著过程中,感谢齐鲁工业大学工业设计(工)专业各位师生为本书提供充足的资料。特别感谢 07 届姜云龙同学制作的小兔油桶模型、08 届王宪怀同学制作的玻璃钢花盆模型、08 届孙向龙同学制作的塑料订书机模型,以及 08 届魏灿合同学进行的资料整理工作。

由于编者水平所限,疏漏和不足之处在所难免,敬希读者给予批评指正。

编　者

2014 年 7 月

目　　录

第1章 ‖ 产品模型概述

【学习目标】

- 掌握产品模型的概念、特点、功能和意义；
- 掌握产品模型的分类依据与方法；
- 了解不同类别产品模型的应用方式与特点；
- 了解产品模型的制作流程。

【学习重点】

- 从整个产品设计流程中体会产品设计模型制作的功能和意义；
- 产品模型的具体分类依据；
- 产品模型制作应该遵循的具体原则。

1.1　产品模型的概念

英国著名工业设计师约翰（Payne John）先生曾说过："……不做模型，怎能搞好工业设计？怎能搞好新产品的造型？设计新产品不做产品模型，是不可思议的……"

产品模型是产品设计过程中的重要环节，是产品造型设计的需要，产品模型为产品的纸面设计和产品的立体造型搭起了一座桥梁，为产品造型设计提供了一种重要的设计表现手法。

产品模型制作是产品造型设计的主要表现手段之一，它是以立体的形态表达特定的创意，运用木材、石膏、塑料、玻璃钢等材料，采用合适的结构以及相应的工艺，以三维实体的形体、线条、体量、材质、色彩等元素表现设计思想，使设计思想转化为可视的、可触的、接近真实形态的产品设计方案，模型制作同时也是整个设计过程中不可缺少的分析、评价手段。产品模型的制作由于实体的可视化，可以进行评估与反复推敲，因此也是进一步完善和优化设计的过程。"模型"的含义在艺术设计领域里，更多的时候是指对造型形态的塑造和创造，通过具体的造型、材质、肌理来模拟表现设计方案的最终效果。

模型是对未来将要生产的产品进行真实的模拟，所以可以对生产过程中模拟真实产品的各个方面进行检测。检测的目的是看设计是否达到最初预想，是否符合使用要求，是否具备市场潜力，是否符合生产工艺等。

图 1-1 所示为轿车模型，图 1-2 所示为邮筒模型。

图 1-1　汽车油泥模型　　　　图 1-2　邮筒玻璃钢模型

1.2　产品模型的特点

产品模型是设计构思的立体形象，是设计者表达设计理念或构思的设计表现方法之一，是设计者根据设计构思利用不同的材料、工具和加工方法将产品设计构思表现为具有三维立体形态的实体。

在产品造型设计中，模型不同于其他设计表现方法，具有以下五个特点：

（1）以三维形体充分表现设计构思，客观、真实地从各个方向、角度、位置来展示产品的形态、结构、尺寸、色彩、肌理、材质等。

（2）通过产品模型可研究处理草图和效果图中不能充分表达或无法表达的地方，可研讨构思草图中不可能解决的产品形体上很多具体的空间问题。如表面转折的过渡关系、局部与整体的协调关系、外观形态与内部结构的关系等，不断纠正从图样到实物之间的视觉差异，从模型中理解产品的设计意图，进一步优化和完善设计构思，调整修改设计方案，检验设计方案的合理性。

（3）通过感官的实际触摸和模型制作的过程，可检验产品造型与人机的相适应性、操作性，从而获得合理的人机效果，为产品的进一步开发做铺垫。

（4）为设计交流提供一种实体语言，用来研讨、分析、协调和决策，使有关人员充分了解设计者对产品的设计构想，并对所涉及的产品做充分的分析和探讨，从而了解未来真实产品可能的设计方向。

（5）为产品提供生产依据，如产品性能测试、确定加工成形方法和工艺条件、材料选择、生产成本及周期预测、市场前景分析及广告宣传等，从而确定生产目标。

1.3　产品模型的意义和功能

1.3.1　产品模型的意义

无论是手绘的产品效果图，还是用计算机绘制的效果图，都不可能全面反映出产品的真实面貌。因为它们都是以二维的平面形式来反映三维的立体内容。

在现实中，虚拟的图形、平面的图形与真实的立体实物之间的差别是很大的。例如，一个平面上各部分比例看上去都较为合适的形态，做成立体实物后就有可能会显示出与创意设计初衷的比例不符。形成这些差别的原因是由于人们从平面到立体的视错觉造成的。另外，计算机虚拟的效果图或二维平面的视图中，对产品的色彩和质感方面的表达也具有相当的局限性。

因此，模型制作成为工业设计师要认真对待的重要环节，这一环节逐渐成为工业设计专业教学基础实践课程的重点。一般情况下，设计师用草图、效果图、工业制图或基本工程图来完成初步的设计方案。如果想进一步增强设计感和艺术感，或完善和优化设计方案，就需要用制作模型的方法来表达。

没有模型的设计容易导致设计的产品出错，如产品的使用方式、比例与尺度、操作界面的适宜与否、色彩的差异等。如果中间的任何一个环节出错，都可能导致设计的最终失败和产品开发周期的延缓，其损失之大可想而知。

产品设计的模型制作则可以有效地缓解这一矛盾。新设计定位的方案可以通过三维模型效果来检验可能出现的问题，可以最大程度地减少损失和开支。相对模具而言，模型既可以对定型的设计进行检验与推敲，又具有加工快、成本低的优点，起到了降低风险与超前预想的作用，其在现代企业中被广泛采用。

在设计师将构想以形体、色彩、尺寸、材质进行具体化的整合过程中，模型不断地表达着设计师对设计创意的体验，为与工程技术人员进行交流、研讨、评估，以及进一步调整、修改和完善设计方案、检验设计方案的合理性提供有效的实物参照，也为制作产品样机和产品准备投入试生产提供充分的、行之有效的实物依据。

总之，在设计过程中，模型制作具有以下意义：

（1）说明性：以三维的形体来表现设计意图与构思，是模型制作的基本意义。

（2）启迪性：在模型制作过程中以真实的形态、尺寸和比例、色彩来达到推敲设计和启发新构想的目的，成为设计人员不断改进和优化设计方案的有力依据，也是产品造型与自身的结构、功能、现代化生产工艺和新材料的应用有机融合的过程。制作模型时，以合理的人机工程学参数为基础，探求感官的回馈、反应，进而求取合理化的形态与结构，以便更好的服务于功能。

（3）表现性：以具体的三维实体、翔实的尺寸和比例、真实的色彩与材质，从视觉、触觉上充分满足形体的形态表达，反映形体与环境关系的作用，使人感受到产品的真实性，从而沟通设计师与消费者彼此之间对产品意义的交流。

1.3.2 不同模型的功能

1. 产品比例模型的功能

比例模型是指制作的模型根据产品设计的真实尺寸，并针对表现的需要按比例放大或缩小而制作的模型。比例模型的主要功能是根据设计要求模拟真实产品，从而用于设计项目的评估及设计展示的需要。模型按比例制作的优点是容易把握产品设计的真实性，放大的模型可以强化产品的视觉效果，缩小的模型可以节约制作成本和提高模型的加工速度与精度。

比例模型由于具有对产品真实的模拟性，它既是对设计思路与产品外观形态的评估与推敲，也是对未来产品生产工艺方案的预想，因此，可以针对制作模型的不同目的与其他实际情况来选择不同的比例进行放样加工。例如：推敲模型——由于产品设计在定形前需要认真推敲，模型是进行验证的最好方法之一，为节约制作成本和提高加工速度，通常采用缩小比例的方法来制作，如图 1-3 和图 1-4 所示；展示模型——需要在展示空间中展示产品最好的效果，通常是按比例制作出与真实产品相同的模型，模型制作的工艺一般都是很精细的，如图 1-5 和图 1-6 所示。

图 1-3　汽车缩尺油泥模型

图 1-4　电动车缩尺模型

图 1-5　吊车模型 1

图 1-6　吊车模型 2

2. 产品草模的功能

草模一般是指在设计的初期阶段对形态进行初步推敲或对设计局部的结构、工艺等设计进行制作的初步实体形态。草模的主要作用是在设计过程中推敲论证设计的可行性。

制作草模阶段只注重模型的大体形态与结构的推敲，所以模型具体的细节较少。制作草模一般选用较为经济和便于加工的材料，如常用的发泡塑料、泥和石膏等。由于草模加工方便快捷，又对形态的推敲与完善具有积极作用，更多的时候是伴随设计创意同步进行，有助于工业设计师对创意设计过程进行良好地把握。

图 1-7 所示为激光快速成形手板模型。

3. 产品概念模型的功能

概念模型是指在产品设计方案最终定案后，为进一步模拟产品的真实性而进行制作的较为细致而接近真实的模型。概念模型根据设计制作形式的不同，大致可以分为开模用概念模型与创意概念模型两大类。

开模用概念模型是对设计思路与工艺方案更为具体的三维实体表现，也对设计后期的开模加工具有实际指导作用。因此，模型制作既要对设计的形态效果做深入细致地分析与评估，又要对后期开模的结构与工艺的可行性做详尽地分析与表述。随着计算机技术的普及，辅助设计软硬件设备的升级换代大大提高了开模用概念模型的制作精度。计算机辅助模型制作，根据所使用的设备不同可分为激光快速成形（rapid prototyping)和加工中心制作模型（CNC），尤其是 CNC 模型，能够非常精确地反映设计图样所表达的信息，是开模生成产品的有力保证。

图 1-8 所示为标志 20Cup 三轮概念车模型。

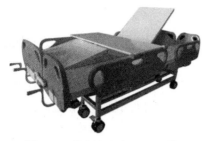

图 1-7　激光快速成形手板模型　　　　图 1-8　标志 20Cup 三轮概念车模型

创意概念模型与开模用概念模型基本相似，区别在于其主要注重设计的形式，重点是表达设计的思路与概念。创意概念模型所表达的设计效果，一般都是较为超前或创新的设计概念，其设计创意的具体形式，一般也超前于现有的工艺加工技术。创意概念模型重在对未来设计思维的研究和推敲，因此，创意概念模型的设计目的也偏重于将设计的创新概念通过模型制作进行可视化的表达，而较少考虑开模与生产方面的问题。目前，这类模型在大专院校工业设计专业的教学中比较普遍，对开拓设计思维与创新设计思路有着积极的作用。不足之处是如果只注重创意的设计形式与创意概念的模型制作，将会对培养的工业设计人才造成不良影响，导致学生对产品工艺概念认识上的模糊，从而产生设计与工艺生产的脱节。

浙江省工业设计协会秘书长在一次设计讲座中谈到："工业设计师的设计活动比其他任何设计艺术所受到的限制都要多，由于产品技术工艺及影响产品设计的其他相关因素的限制，他们的设计工作是限制与反限制的设计工作。限制好比是镣铐，设计师的创意思路好比是优美的舞蹈，那么一个优秀的工业设计师必然是能够戴着镣铐跳舞的专家。"这一观点充分反映了产品设计的真实内涵。如果我们设计产品不能全面地把握设计的各个方面，并且忽视产品设计的结构工艺与技术，那么设计模型的制作也会显得苍白无力而失去了真正意义。

1.4　产品模型的分类

从产品构思到产品完成的各个设计阶段中，设计者采用各种不同的模型来表达设计意图，强化设计效果。产品模型种类多，可按模型的用途分类，也可按模型的比例大小分类，还可以按模型制作的材料进行分类。

1.4.1　按模型的用途分类

按照在产品设计过程中的不同阶段和用途主要可为三大类：表现性模型、功能性模型、研讨性模型。

1. 表现性模型

表现性模型是采用真实的材料，严格按设计的尺寸进行制作的实物模型，几乎接近实际的产品，可成为产品样品进行展示，是模型制作的高级形式，如图 1-9 所示。

对于整体造型、外观尺寸、材质肌理、色彩、机能的提示等，表现性模型都必须与最终设计效果完全一致。

表现性模型要求能完全表达设计师的构想，各个部分

图 1-9　电动车表现模型

的尺寸必须准确，各部分的配合关系都必须表达清晰，模型各部位所使用的材质以及质感都必须充分地加以表现，能真实地表现产品的形态。

真实感强，充满美感，具有良好的可触性，合理的人机关系，和谐的外形，是表现性模型的特征，也是表现性模型追求的最终目标。

这类模型可用于摄影宣传、制作宣传广告、海报，把实体形象传达给消费者。设计师可用此模型与模具设计制作人员进行制造工艺的研讨，估计模具成本，进行小批量的试生产。这种模型是介于设计与生产制造之间的实物样品。

2. 研讨性模型

研讨性模型又可称为粗胚模型或草模型。这类模型，是设计师在设计的初期阶段，根据设计的构想对产品各部分的形态、大小比例进行初步的塑造，作为方案构思进行比较、形态分析、探讨各部分基本造型优缺点的实物参照，为进一步展开设计构思、刻画设计细节打基础。

研讨模型主要采用概括的手法来表现产品造型风格、形态特点、大致的布局安排以及产品与人和环境的关系等。研讨性模型强调表现产品设计的整体概念，可用作初步反映设计概念中各种关系的变化的参考。

研讨性模型的特点是：只具粗略的大致形态，大概的长宽高度和大略的凹凸关系，没有过多局部的装饰、线条，也没有色彩，设计师以此来进行方案的推敲。一般而言，研讨性模型是针对某一个设计构思而展开进行的，所以在此过程中通常制作出多种形态各异的模型，作为相互的比较和评估。

3. 功能性模型

功能性模型主要用来表达和研究产品的形态与结构，产品的各种构造性能、机械性能以及人机关系等，同时可作为分析检验产品的依据。

功能性模型的各部分组件的尺寸与机构上的相互配合关系，都要严格按设计要求进行制作。然后在一定条件下做各种试验，并测出必要的数据作为后续设计的依据。如车辆造型设计制作的功能性模型，可供在实验室内做各种试验。这些特殊的用途，是研讨性模型及表现性模型所无法达到的。

图 1-10 所示为功能性手关节模型，图 1-11 所示为车辆方向盘人机分析模型。

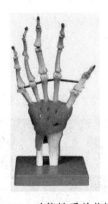　　　　

图 1-10　功能性手关节模型　　　　图 1-11　车辆方向盘人机分析模型

从以上的论述可以看出，表现性模型重点是保持外观的完整性，注重视觉、触觉的效果，表达外形的美感，机能的内涵较少。而功能性模型则是强调机能构造的效用与合理性。

1.4.2　按模型的比例分类

根据需要，将真实产品的尺寸比例放大或缩小而制作的模型称为比例模型，按比例大小可分为原尺模型、放尺比例模型和缩尺比例模型。

比例模型采用的比例，通常根据设计方案对局部的要求、展览场地及搬运方便程度而定。按放大或缩小比例制作的模型，往往因视觉上的聚与散，产生不同的效果，通常采用的比例越大，反映出与真实产品的差距越大。选择适合的比例是制作比例模型的重要环节。根据设计要求、制作方法和所用材料，比例模型有简单型和精细型，多用于研究模型和展示模型。

（1）原尺模型。原尺模型又称全比例模型，是与真实产品尺寸相同的模型。产品造型设计用的模型大部分是原尺寸制作。根据设计要求、制作方法和所用材料，原尺模型有简单型和精细型，主要用作展示模型。图 1-12 所示为相机原尺模型。

（2）放尺模型。放尺模型即放大比例模型。小型的产品由于尺寸较小，不能充分表现设计的细部结构，多制成放大比例模型。放尺模型通常采用 2:1、4:1、5:1 等比例制作。图 1-13 所示为鼠标放尺模型。

图 1-12　相机原尺模型

图 1-13　鼠标放尺模型

（3）缩尺模型。缩尺模型即缩小比例模型。大型的产品，由于受某些特定条件的限制，按原尺寸制作有点困难，多制作成缩小比例模型。缩尺模型通常采用 1：2、1:5、1:10、1:15、1:20 等比例制作，其中按照 1:5 的缩小比例制作的产品模型效果较好。图 1-14 所示为汽车缩尺模型。

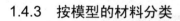

图 1-14　汽车缩尺模型

1.4.3　按模型的材料分类

产品模型常用的制作材料有黏土、油泥、石膏、纸板、木材、塑料（ABS、有机玻璃、聚氯乙烯等）、发泡塑料、玻璃钢、金属等，可单独使用，也可组合使用。按模型制作的材料可分为黏土模型、油泥模型、石膏模型、木模型、金属模型、纸模型、塑料模型、泡沫塑料模型、玻璃钢模型及综合模型。

（1）黏土模型。黏土是一种天然的矿物，全国各地分布广泛，价格低廉。黏土是一种良好的雕塑材料，具有可塑性强、加工制作方便、容易修改等特点。黏土比较重，干后容易开裂，强度低，容易碰碎，不好保存。黏土制作模型时一定要选用含沙量少、土结构像鱼鳞状的好黏土，但使用前也要反复加工，把泥活熟，这样用起来才方便。由于黏土易于干裂变形，可以加入某些纤维（如棉纤维、纸纤维等）以改善和增强黏土性能。黏土模型一般用于制作小型的产品模型，主要用于制作构思阶段的研究模型。黏土模型不易保存，通常翻制成石膏模型进行长期保存。图 1-15 所示为卡带机黏土模型，图 1-16 所示为车座黏土模型。

图 1-15　卡带机黏土模型

图 1-16　车座黏土模型

（2）油泥模型。油泥又称"橡皮泥"，是一种人工制作材料。油泥可塑性好，加热软化后可自由塑造，易刮削和雕刻，修改填补方便，易粘结，可反复使用，且不易于干裂变形，但怕碰撞，受压后易变形，不易涂饰着色。油泥的可塑性优于黏土，可进行较深入的细节表现。油泥价格较高，易于镶带，制作一些小巧、异形和曲面较多的造型更为合适。图 1-17 所示为奥迪概念车油泥模型。

图 1-17　奥迪概念车油泥模型

（3）石膏模型。石膏价格经济，方便使用加工，用于陶瓷、雕塑、模型制作等方面。石膏质地细腻，成形后易于表面装饰加工，易于长期保存，适用于制作各种要求的模型，便于陈列展示。通常采用浇铸法、模板旋转法、翻制法或雕刻法等使石膏成形，通过刮、削、刻、粘等方法，可以很方便地对模型进行加工制作。石膏模型较重，怕碰撞挤压，搬运不方便。石膏模型一般制作形态不太大、细节刻画不多、形状也不太复杂的产品模型，多用来制作产品的研究模型和展示模型。图 1-8 所示为香水瓶石膏模型。

（4）木模型。木模型是使用木材制作的模型。木材质轻，富韧性，强度好，色彩悦目，纹理美观，易加工连接，表面易涂饰，适宜制作形体较大、外观精细的模型。通常选用硬度适中、材质均匀、无疤节、自然干燥的红松、椴木、杉木等制作模型。木模型支撑后不易修改和填补，故多先绘制工程图或制作石膏模型，取得样板后再制作木模型。木模型制作费时，成本较高，但运输方便，可长期保存。多作为展示模型和工作模型。图 1-19 所示为香盒木模型。

图 1-18　香水瓶石膏模型

图 1-19　香盒木模型

（5）金属模型。金属模型指以金属为主要材料制作的模型。金属材料具有较高的强度、延展性和可焊性，表面易于涂饰，耐久性好，可利用各种机械加工方法和金属成形方法制作模型。金属材料种类多，可根据设计要求选择使用。采用金属材料制作模型，加工成形难度大，不易修改，通常用于制作功能模型，用来分析研究产品的性能、操作功能、人机关系及工艺条件等。图 1-20

所示为摩托车金属模型。

（6）纸模型。纸模型是用纸板制作的模型。通常选用不同厚度的白卡纸、铜版纸、硬纸板、苯乙烯纸板等作为模型的主要构成材料。纸模型制作简便，利用剪刀、美工刀、尺子、刻刀、订书钉、胶粘剂等工具和材料即可加工连接。由于纸板的强度不高，纸模型多制作成卷尺模型。如需制作较大的纸模型，则先用木材、发泡塑料等做形体骨架，以增加强度。纸模型质地轻，易于成形，表面可进行着色、涂色及印刷等装饰处理，但不能受压，怕潮湿，易产生弹性变形。适宜用来制作形状单纯、曲面变化不大的模型，多用于设计构思阶段的初步方案模型。图 1-21 所示为汽车纸质模型。

图 1-20　摩托车金属模型　　　　　　　　图 1-21　汽车纸质模型

（7）塑料模型。塑料模型是用塑料制作的模型。采用 ABS、有机玻璃、聚氯乙烯、聚苯乙烯等热塑性板材、棒材及管材制作而成。具有一定强度，可采用锯、挫、钻、磨等机械加工法和热成形法制作，可用溶剂粘结组合，并在表面进行涂饰、印刷等处理。塑料模型精细逼真，能达到仿真效果，易于制作小型精密模型，多用于展示模型和工作模型。图 1-22 所示为戒指聚酯模型。

（8）泡沫塑料模型。泡沫塑料模型是用聚乙烯、聚苯乙烯、聚氨酯等泡沫塑料经裁切、电热切割、粘接相结合等方式制作而成的模型。根据模型的使用要求，可选用不同发泡率的泡沫塑料。密度低的发泡塑料不易于进行精细地刻画加工，密度高的泡沫塑料可根据需要进行适当的细部加工。这类模型不宜直接着色涂饰，需要进行表面处理后才能涂饰，适宜制作形状不太复杂、形体较大的产品模型，多用于设计初期阶段的研究模型。图 1-23 所示为轮泡沫模型。

图 1-22　戒指聚酯模型　　　　　　　　　图 1-23　轮泡沫模型

（9）玻璃钢模型。玻璃钢模型是用环氧树脂、聚酯树脂、玻璃纤维等制作的模型，多采用手糊成形法制作。玻璃钢模型强度高，耐冲击碰撞，表面易涂饰处理，可长期保存，但操作程序复杂，不能直接成形。常用作展示模型和工作模型。图 1-24 所示为玻璃钢汽车模型。

（10）综合模型。模型制作时选用了两种或两种以上的材料，经过综合加工制作而成的模型，称为综合模型。但综合模型有一个大体要求，即要以一种材料为主料，其他材料只是局部使用。综合模型整体感较好，后期的装饰处理也简单。如一个石膏雕刻的电话机，上面的液晶显示板窗口就要用一些透明有机玻璃，可以在有机玻璃反面剪贴一些画片，这样就可以达到逼真的效果。电话机上的按键，可以选用一些有机玻璃圆棒材，然后从截面切割出大小、厚薄一样的按键，制作出来后非常规

图1-24　玻璃钢汽车模型

整、一致，在后期装饰处理阶段，可以选用一些现成的材料，无论是塑料、电镀有机玻璃、木材、纸板、金属，还是其他板材、管材，只要合适就可使用。

1.5　产品模型制作原则

1. 合理地选择造型材料

制作产品模型，材料是不可或缺的，而材料的选择适当与否又会对产品模型的内在和外观质量产生巨大的影响，所以在模型制作中如何正确、合理地选用材料是一个实际而又重要的问题。不同的材料不仅制约模型的表面形状、尺寸、大小，而且制约了制作方法，也会使模型具有不同的功能、外观、质感和整体效果。如果选择的材料不合适，不仅影响到产品的使用功能，还会损害产品的整体美感，增加制作的难度，造成时间和成本的浪费。

所以在模型制作中根据不同的设计需求选择相应的模型制作材料是极为重要的。例如，黏土就不能作为一种结构性模型材料来使用，制作塑料和聚酯模型需要大量的时间，而且需要许多的设备和较大的费用投入。这通常意味着一但模型制作完成后，设计师就不容易再做任何的改动，尽管有时这种改动和调整是必要的。

纸和硬纸板则较易寻找，便于加工和造型处理。同时，对工具的要求也比较简单，不需要专门的工作场所，可以在任何操作台或小的切割板上完成。纸对于草模型或研讨性模型是一种理想的材料。相对于其他材料，它能被剪刀剪切和被快速粘接，在许多情况下它是最能快速操作的模型材料。纸虽薄却有一定强度，一个简单的折就可以将纸变成结构性材料。它的这种属性往往能够准确地描述出设计中结构的缺陷。尽管纸有各种不同的作用，但它的应用范围还是有限的，不可能适用于所有类型的模型制作。

当今发泡材料日益为设计师所青睐，其最大的优点在于允许设计师塑造大型的物体。在塑造大型块体的成形过程中，它替代了需要耗费大量时间、运用大型加工设备的木材、黏土等材料，从而成为新型的造型材料。

2. 考虑造型的比例与大小

模型材料和模型比例之间的选择有着严格的关系。因此，除所制作的对象实体体积非常小，对比例不加考虑外，模型的材料与比例必须同时考虑。例如，纸材对于大型模型来说并不是首选材料，尽管在模型内部可以设置其他材料的结构框架，但最终还是会扭曲变形。泡沫塑料对于塑造模型产品形态来说则非常适合，塑料则更适合于制作各种比例的表现性模型。

当选择一种比例进行制作时，设计师必须权衡各种要素，选择较小的比例可以节省时间和材料，但非常小的缩尺比例模型会失去许多细节。如 1:10 的比例对一个厨房模型来说恰到好处，但对于一把椅子来说，特别是想表现许多重要的细节时就显得太小了，所以谨慎地选择一种省时又能保留重要细节的比例，而且能反映模型的整体效果，是非常重要的。

应该特别强调的是，1:2 的模型往往有欺骗性。旁观者常常会将按此比例制作的模型理解为全尺寸的小型产品。

如果可能的话，在模型制作中应按照 1:1 选择与实际尺寸相符的比例。因为对于一个新的设计，原型尺寸的形体能使设计师从整体上更好地把握设计形态的准确性。

模型最内在的价值正是在于通过它使人们更容易了解设计的真实体量感。因此，应该选择恰当的比例以达到最好的效果。

3．恰当选择模型的色彩

模型制作还应考虑与最终产品的外观相关的因素，色彩就是要考虑的因素之一，色彩处理得当，将会引起良好的视觉感。所以色彩的选择从模型制作的一开始就必须认真的对待，而不是到喷漆时再考虑。选择色彩需要考虑的因素有很多，但从实际出发，要确定出理想的模型用色，必须从实用、经济、美观、科学等方面来综合考虑。下面分别讨论：

（1）模型的色彩应当首先以实用为目的。实践告诉我们，模型色彩的实用性，应当从模型所体现的产品的种类、用途、使用对象来考虑。例如，普通车和载重车采用深暗色色彩为宜，因为这类车主要为中年人使用；小轮车和轻便车应当选择明亮、轻快的颜色为好。

（2）在选择模型的材料时，我们也应该考虑经济性。模型的色彩是依赖于材料的选择、工艺制造等方面的因素，我们应该在控制成本的前提下达到良好的观瞻效果。坚决反对以虚假的装饰和滥用高级材料涂脂抹粉，以达到美观的目的。

（3）模型的色彩给人以视觉的享受，因此我们必须了解人们对色彩的喜恶，掌握不同地区的地理条件与生活习惯，使模型的色彩与人们的视觉相吻合，与自然环境相协调。

（4）模型配色效果的好坏不在于用色多少，而是在于掌握色彩的性质。设计者应根据产品的配色要求和环境要求来选择色彩的冷暖。

4．考虑造型的真实性

模型外观的真实性取决于多种不同的因素。其中首要的是模型的质地、不同材料的选择、时间与精力的投入。

首先要考虑的是模型材料的质地。很显然，一个表现性模型要比一个用于设计过程研究所用的研讨性模型需要更高的真实性。虽然有些模型并不需要严格真实的表面特征就能够从模型所表达的形态特征上理解其设计的内在寓意，但材料与真实性仍然有着直接的关系。例如，极其真实的模型除了球形之外都可以用纸来构造。木材、金属和塑料的质地也能给模型以相当高的真实性，但是要用泡沫材料来塑造一个真实度很高的模型几乎是不可能的。

根据以上所述的模型真实性的价值，如果对一个模型保证其真实性所需的时间超过了它的所得，则可适当地牺牲一些真实性。

为了得到一个雅致的模型，质地和整洁这两点是非常重要的。一旦选定了材料的种类、比例和将要达到的真实程度，就必须坚持将它们贯穿于模型制作的始终。

在模型制作的任何阶段，随意改变主意往往会导致制作的失败。当制作工作开始后，随意改变材料、比例或试图增减真实性的要求都会增加许多额外的工作量，甚至最终使模型结构丑陋。

在制作过程中，若意识到选错了材料、比例过大或太小，应该立刻停止当前的作业，进行修正后再按既定程序继续制作模型。

1.6　模型教学的现实意义

1. 从实践中培养设计的严谨态度

模型制作是工业设计专业课中的一门非常重要的设计基础实践课程，因为模型制作可以使同学们亲身体验和感受设计，并且可以进一步认识产品设计的材料与工艺，为将来的设计工作打下坚实的基础。

现代主义理论的重要奠基人之一、德国著名的建筑师沃尔特·格罗皮乌斯认为："设计师的教育必须经过实际的工艺训练，熟悉材料和工艺程序，系统研究实际项目的要求和问题。"可见它对设计师能够亲身参与到具体的设计实践中给予了高度的肯定，这对后来的包豪斯体系的实践教学产生了深远的影响。他在《艺术与技术家在何处相会》一文中写道："物体是由它的性质决定的，如果它的形象很适合它的用途，它的本质就很明确。一件物品必须在它的各个方面都与它的目的性相配合。"也就是说，产品设计在实际中能完成它的功能，是可以用的，是可以信赖的，并且是符合实际需要的。

在具体的设计过程中，设计师遇到的最大困难就是设计创意转化为产品的过程。往往要么是好的设计由于不符合工艺生产条件，胎死腹中而无法实现；要么就是设计虽然转化为产品了，但可能或多或少存在美中不足的问题，或者是在设计工作完成后仍然还有很多问题被忽视。造成这样的结果，原因是多方面的，但也不能不说是因为在设计推敲与评估的过程中细化工作做得不够。产品模型制作的目的就是要培养设计师在制作仿真产品模型的具体实践中去体验设计、发现问题并及时改进，使设计方案合理完善。优秀的产品设计师，必须具有制作产品模型和通过模型进行判断和评价设计效果优劣的能力。

2. 培养敏锐的设计思路和把握设计能力

设计师是工业设计、形态设计的主体，但影响形态设计的相关因素有很多，设计师可以通过模型制作和模型推敲，充分调动综合设计的潜能来反复优化设计方案。所以掌握模型制作技术是一个优秀设计师必备的能力，这也是工业设计专业特性所决定的。1980 年，国际工业设计协会理事会（ICSID）给工业设计的定义为："就批量生产的工业产品而言，设计师凭借训练、技术知识、经验及视觉感受，而赋予材料、结构、形态、色彩、表面加工、装饰以新的品质和规格，称作工业设计。根据当时的具体情况，工业设计师应当在上述工业产品的全部或其中几个方面进行工作，而且，需要工业设计师对包装、宣传、展示、市场开发等问题的解决付出自己的技术、知识和经验，以及视觉评价，这仍属于工业设计的范畴。"可见工业设计师的职责在整个产品开发设计过程中的重要地位，其职责贯穿了整个新产品的开发过程，它对全局的作用是其他人不可替代的。虽然，设计师的创意与灵感决定了新产品的推陈出新，使设计具有美的艺术效果，但是，工业产品设计毕竟不是纯艺术品，只有通过艺术与技术的结合，才能使具体的创意灵感得以完整地实现。

因此，设计师不但要具有敏锐的设计思路，而且还应当具有严谨求实的设计态度，才能整体有效地把握新产品的开发。模型是介于设计到产品之间的桥梁，设计师通过对设计模型的制作，对影响设计的各个方面凭借技术知识、经验及视觉感受，而对材料、结构、构造、形态、色彩、表面加工的要求、装饰等进行推敲、调整，从而可以更好地完善设计之初的创意灵感。可见设计模型制作对工业产品设计师是何等重要，是设计灵感通往成功产品的重要途径。

现代工业设计师明确的任务是要全面把握产品设计的能力。设计师不仅要对产品的造型、色彩、线条进行视觉美的构想，而且还必须考虑与生产者和使用者利益有关的产品形态结构与功能。在现代产品设计过程中，工业设计师一般先从平面的二维设计创意开始，而为了满足生产技术、节约成本、便于加工的要求，以及满足功能需求和符合市场流行趋势，就必须进一步验证产品设计的可靠性。三维模型的可视化表现是最容易发现设计问题的，特别是在形态的视觉美感与工艺的关系方面，对锻炼设计师发现问题、解决问题和培养敏锐的设计思路有着直接的帮助。

作为一名优秀的工业设计师，应具备从二维到三维把握产品形态的意识。产品要给人以美感，要有时尚性及艺术的形式美，但是产品不是艺术品，设计紧密联系着人们的生活，与人们的生活方式有关，与市场的销售有关，与生产技术有关，与材料资源有关，与经济文化有关，所以产品设计还得注重功能性、实用性以及工艺上的可行性。从二维到三维的设计过程是实现产品的必然途径，尤其是产品的三维模型制作过程，设计师要有广博的知识和比其他专业更为广博的修养来指导和完善设计。正确树立模型与产品的关系，学习掌握必备的制作技术知识，提高实际动手能力，是学习工业设计需要具备的基本技能。

3．养成勤于动手的习惯

实践出真知，只有经得住实践考验的东西才是最好的。因此，在模型制作的课程上，学生要养成勤于动手的习惯，不可只说不练，再多理论在手，也不如实际动手有效。

现代工业设计课程中已经把模型制作作为一门很重要的专业课来看待，制作模型的好坏直接影响着学生学业的成绩。仅有好的设计思路是远远不够的。为此，在模型制作的课程上，学生应该多练习，不懂的问题实践一遍就会豁然开朗。

作为一名优秀的设计师，应该掌握各种材料模型制作的方法与步骤、原则与禁忌，熟练地完成各种模型的制作，并能在此过程中安全规范地进行各种工具的操作与保护。这一切都要源于大量的实践，只要这样才有可能成为一位合格的设计师。

4．养成良好的职业素养

在模型制作的过程中，设计师应该达到产品造型设计职业标准的相关要求，具备造型设计师所应有的职业道德：诚实，守信，善于沟通和合作。只有具备了这些职业道德，设计师才能更加顺利地完成模型的制作。

在模型制作的过程中，工作量巨大，各种琐碎的细节多，每一个步骤的衔接都很重要，团队合作显得尤为重要。每一个人有自己的工作和目标，当把这些分散的工作和目标合在一块，就能很快地完成模型的制作，实现 1+1>2 的效果。所以，学生在实践的过程中，要锻炼这种能力，这样才能充分地发挥出大家的能力，实现共赢。

小　结

本章主要介绍产品模型制作的特点、意义和功能、分类、制作材料和工具，产品模型制作的原则，产品模型制作在教学中的现实意义。如果想更好地掌握有关模型制作的知识，想制作出理想的产品模型，学生必须有更多的实践活动，多到材料市场去了解不同材料的固有性能和工艺性能，多到模型制作的工厂去实习考察，了解不同材料模型的制作原则与禁忌和制作技巧，为日后自己进行模型制作打下良好的基础。为此，准备了两个研究课题供大家参考实践。

实践课题一

模型制作材料研究

内容：选择一种产品，搜集市场上关于此产品的资料（包括所使用的材料、形态、功能等），通过分析和比较研究不同产品的使用材料、比例大小、色彩，以及通过这些方式所达到的不同效果，重点研究不同材料对其功能和形态的影响。

要求：分组调研，制作电子版展示报告并在课堂上讨论交流。

实践课题二

模型制作工艺考察学习

内容：选择一个模型或产品制作的工厂去了解模型或产品的制作工艺与流程，向设计人员、技术工人了解模型制作时的注意事项与技巧，掌握一定的模型制作的方法与步骤，为自己进行模型制作做铺垫。

要求：书写实习报告并在课堂上讨论交流。

第 2 章 | 产品模型制作工具与材料

【学习目标】

- 掌握不同类型模型制作工具的使用方法；
- 掌握产品模型制作材料的分类与特性；
- 掌握不同类型产品模型制作材料的选择依据。

【学习重点】

- 各种模型制作工具的使用规范；
- 各种模型制作材料的特性。

2.1 产品模型制作工具与设备

工具是指能够方便人们完成工作的器具，它可以是机械性的，也可以是智能性的，大部分工具都是简单机械。例如一根铁棍可以当作杠杆使用，施力点离支点越远，杠杆传递的力就越大。

制作不同的产品模型，需要根据模型的功能和用途，选择能表达其设计特征的材料，不同特征材料的加工方法，又必须选择不同的加工工具与设备。"工欲善其事，必先利其器。"要想制作出理想的产品模型，必须熟知材料的种类、特性和熟练地掌握不同工具的使用方法及操作技能。这样，才能准确表达出设计的理想意图。

下面具体介绍产品设计模型制作中经常使用的工具及其分类。

2.1.1 手工工具

手工工具是指用手握持，以人力或以人控制的其他动力作用于物体的小型工具。用于手工切削和辅助装修，一般均带有手柄，便于携带。

手工工具按功能可分为切削工具和装修辅助工具，按用途可分为螺纹连接装配手工工具（如扳手、螺钉旋具）、建筑用手工工具、园艺用手工工具、管道用手工工具、测量用手工工具、木工用手工工具、焊接用手工工具等。常见的手工工具有锤、锉、刀、钳、锯、螺钉旋具、扳手和金刚石工具等。

1. 锤

锤是用于敲击或锤打物体的手工工具。锤由锤头和手柄两部分组成。

锤头的材质有钢、铜、铅、塑料、木头、橡胶等。结构有实心固定式、锤击面可换式和填弹式。实心固定式锤头使用最广，锤击面可换式锤头的两个敲击面可卸可换，可以换配各种材质和硬度的锤击面，故敲击范围很大。填弹式锤头内装有钢丸或铅粒,使用时可消除反弹,又称无反弹锤。反弹的消除,可显著地降低操作者的疲劳感。

钢锤锤头的一端或两端的锤击面均经过充分的热处理,具有很强的坚硬性;中段一般不经热处理,具有良好的弹韧性,在锤击过程中能起缓冲作用以防止锤头爆裂。锤头的中心处开有孔洞,以便安装手柄。

手柄有木柄、钢柄和以玻璃纤维制作的塑料柄等。木柄多用胡桃木、槐木等硬质木材制成,弹韧性好,但易受气候影响,伸缩性大,故逐渐为钢和玻璃纤维材质的锤柄所取代。

锤的使用极为普遍,形式、规格很多。常见的有圆头锤、羊角锤、斩口锤和什锦锤等。

（1）圆头锤。圆头锤又称奶子锤,是冷加工时使用最广的一种手锤。它的一端呈圆球状,通常用来敲击铆钉;另一端为圆柱平面,用于一般锤击。

（2）羊角锤。羊角锤为木工专用的手锤,除用于敲击普遍非淬硬的铁钉,还可通过另一端的羊角状双爪卡紧并起拔铁钉,或撬裂、拆毁木制构件。

（3）斩口锤。主要用于敲击凹凸不平、薄而宽的金属工件,使之表面平整。其斩口还可用以敲制翻边或使金属薄件做纵向或横向的延伸。

（4）什锦锤。一种以锤为主的多用途维修工具。它为羊角锤头,配备有一字头和十字头螺钉旋具、平口凿、三角锉等附件,并放在钢制的空心手柄内。手柄的一端有一个螺钉,以固定或调换附件。

图 2-1 所示为各种锤子。

图 2-1　各种锤子

2．锉刀

锉刀是一种通过往复摩擦而锉削、修整或磨光物体表面的手工工具。锉刀由表面剁有齿纹的钢制锉身和锉柄两部分组成,大规格钢锉（又称钳工锉）的锉柄上还配有木制手柄。

锉身的外部形状呈长条形,其截面主要有扁平形、圆形、半圆形、方形和三角形 5 种,可适应各种表面形状工件的加工需要。特殊用途的锉刀还可制成各种奇特的外形。

锉刀的钢制锉身工作面上,沿轴线方向有规律地剁有无数条锋利的刃口纹路。按锉齿排列的疏密程度,锉刀可分成粗齿锉、中齿锉和细齿锉 3 类。齿纹特别细密的又称油光锉,用于修整要求表面精细光洁的工件。

按加工对象，锉刀又可分为单纹锉和双纹锉。单纹锉刀工作面上的锉纹呈斜向平行排列或沿中线对角排列，常用于锉削五金材料和木质材料；双纹锉刀工作面上的锉齿交叉排列，且齿尖一般向前倾斜一定角度，故而锉刀只在一个方向有锉削功能。

常见的锉刀有钳工锉、整形锉、异形锉、钟表锉和软材料锉等。

（1）钳工锉。主要用于钳工装修时的手工锉削。一般规格较大，通用性也强。特别适于锉削或修整较大金属工件的平面以及孔槽表面。

（2）整形锉。整形锉又称什锦锉。常用于锉削小而精密的金属工件，如样板、量具、模具等。整形锉的锉身长度不超过 100 mm。根据加工用途的需要，一般将同样长度而形状各异的整形锉组配成套。

除普通整形锉外，还有一种金刚石整形锉，它的表面没有剁纹，是在钢制锉坯体的表面嵌有无数金刚石微粒，用以代替锉齿。金刚石整形锉的刃口特别坚硬锋利，往返行程均为有效切削行程（一般剁齿钢锉来回锉削时只有一次有效行程），而且不易发生锉屑嵌堵现象。它专门用于加工由合金钢、工具钢等硬度很高的金属材料制造的工夹具、模具和刀具等。

（3）异形锉。主要用于锉削修整表面形状极为复杂的模具型腔一类的工件。异形锉的工作头部比较奇特，截面形状比较复杂，有单头和双头两种。

（4）钟表锉。专用于锉削加工种表一类精细工件，它的锉齿较细密。

（5）软材料锉。用于锉削铅、锡以及其他软金属制品的表面，也可锉削塑料、木材、橡胶等非金属。软材料锉的锉纹均为弧形单纹，锉刀向前的倾角很大，因而它的锉削量很大。这类锉还包括木工专用的木锉和鞋匠专用的橡胶锉等。

图 2-2 所示为各种锉刀。

图 2-2　各种锉刀

3．钳

钳是一种用于夹持、固定加工工件或者扭转、弯曲、剪断金属丝线的手工工具。钳的外形呈 V 形，通常包括手柄、钳腮和钳嘴 3 部分。由两片结构、造型互相对称的钳体，在钳腮部分重叠并经铆合固定而成。钳可以以钳腮为支点灵活启合，其设计包含着杠杆原理。钳最初仅用于夹持物体，如打铁用的火钳。

钳一般用碳素结构钢制造，先锻压轧制成钳坯形状，然后经过磨铣、抛光等金属切削加工，最后进行热处理。钳的手柄依握持形式而设计成直柄、弯柄和弓柄 3 种式样。

钳使用时常与电线之类的带电导体接触，故其手柄上一般都套有以聚氯乙烯等绝缘材料制成的护管，以确保操作者的安全。钳嘴的形式很多，常见的有尖嘴、平嘴、扁嘴、圆嘴、弯嘴等样式，可适应对不同形状工件的作业需要。按其主要功能和使用性质，钳可分夹持式、剪切式和夹持剪切式 3 种。此外还有一种特殊的钳——台虎钳。

（1）夹持式钳。主要用于钳夹各种物体，或者将其弯曲成各种需要的形状。钳嘴内侧的夹持面上，一般都凿有横式、斜式或网状的槽形齿纹，以便稳定牢固地钳啮物体，避免夹持物打滑或移动。夹持式钳一般较为小巧，钳嘴细长，可单手操作和双手操作。弯嘴钳、尖嘴钳、扁嘴钳等夹持式钳，能在狭窄的操作空间中灵巧地夹住物体，将金属薄片、细铁丝等弯曲成各种所需形状；专用于折装弹性挡圈、垫圈的夹持式钳子称挡圈钳，有孔用挡圈钳和轴用挡圈钳两种。主要用于夹持生产和生活用管道的夹持式钳称管子钳，它由活动钳口和固定钳口组成，可根据管件的粗细相应调节夹持口的大小，其工作方式类似活扳手。管子钳具有很大的承载能力。

（2）剪切式钳。主要用于切断金属线材。专用于剪切大直径金属圆形棒材、线材的称断线钳，通常双手操作。它的钳口粗短，剪切刃口异常坚硬，支点距钳口很近，且手柄较长，能非常省力地切断粗大的线材。专供电线安装和切断使用的称斜口钳。

（3）夹持剪切式钳。最常用的一种钳。既有带齿纹的夹持面，又有供剪切用的剪切刃口。主要有钢丝钳和花腮钳。花腮钳除可用钳头中部的剪切刃口切断铁丝之类的线材外，其两侧的旁腮口也可用来剪切。当钳子手柄张开时，两片旁腮形成直线；当手柄合拢时，旁腮挤压而切断物件。花腮钳的剪切刃口有一定的斜度，被剪切的物件断面较为平整。

（4）台虎钳。台虎钳是机械加工和钳工装配或维修所必备的辅助工具。主要由活动钳口、固定钳口、丝杆和底座4部分组成。一般安装在钳工工作台上，用于夹稳工件，以便钳工进行修配加工，丝杆起松紧作用。台虎钳根据钳体能否旋转，又分成固定式和转式两种。转式台虎钳的钳体可在水平方向做360°旋转，并能在钳工操作所需位置固定。

图2-3所示为各种钳子。

图2-3   各种钳子

4. 锯

锯是一种用于割断物体的手工工具。切割部分为带有齿状口的、厚度为0.2～0.4 mm的薄形钢带（锯条）或圆盘（锯片），它们固定在特定框架上。钢带的一边或两边、圆盘的周边上开有连续不断的锋利锯齿，齿与齿之间留有齿槽空隙，以供排除切屑之用（切屑一般呈颗粒形状）。

将锯条或锯片安装在钢锯架或锯床上，通过往复运动即可将坚硬的物体切割成所需规格和形状。锯条和锯片的材质是碳素结构钢或高速钢。锯的应用范围很广，除可锯切钢铁、木材之外，配上相应材质的锯条后，还可以切割塑料、水泥板、玻璃等。按切割对象，锯条一般可分为全硬型（机用或手用）和挠性型（手用）两种。

全硬型锯条除销孔相邻部位外，锯条整体经过淬火处理，硬度均匀一致，适宜锯切硬质钢材或坚硬粗大的截面。挠性型锯条只在锯条齿缘部位淬火加硬，而锯条背部则柔韧富有弹性。当锯条处于弯曲状态时，全硬型锯条就会产生断裂现象，而刚柔相兼的挠性型锯条则可防止或避免产生断裂。因而挠性型锯条适于锯切质地较软且带有韧性的或者是断面细小的物体，如铜质或锡质的管形物体以及五金制品。

此外，为了增强锯的耐磨性能，有些锯条中还加入了足够的合金成分，软硬适中，在使用过程中具有抗磨损、抗疲劳、抗冲击的作用，并能始终保持着锋利的锯切性能和良好的弹性。为了防止锯条在锯切过程中受夹，一般将锯齿从锯条的两侧面拔成一定角度，使锯切的缝隙宽于锯条的厚度，以提供排除锯屑的间隙。

锯条的分齿形式有交叉式和波浪式两种。常用的锯条锯齿数（沿锯条齿缘每25 mm长度内的锯齿数量）有32、24、18、11、6等。锯切硬度较高的材料时要选用齿数细密的锯条，而锯切质地松软的材料则使用齿数稀小的锯条，如伐木锯的锯条锯齿数为 4 齿，这样锯齿不易堵塞，且锯切量很大。

锯条、锯片一般要安装上手柄或锯架，加以固定后方能使用。最常用的锯架是手用钢锯架。它由带手柄的活动或固定框架、方销和翼形螺母等组成。翼形螺母用于紧固和调节锯条，活动式钢锯架是一种可以伸缩的锯架。它可以安装 200、250、300 mm 这 3 种长度的锯条。

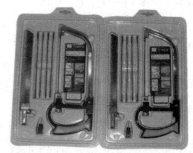

图 2-4　模型手锯

木工作业用的锯通常是单手操作的，如手板锯、截锯、鸡尾锯等，它们的锯片呈梯形，宽的一端装有木制或塑料的手柄，用螺钉固定。机用锯条一般都安装在横式或竖式锯床上，是金属切削加工中必不可少的工具。电锯则多由链式锯或圆盘式锯构成，由电动机驱动，效率高，但噪声也大，一般都安装有安全防护装置。

图 2-4 所示为各种锯。

5. 螺钉旋具

螺钉旋具是一种用以拧紧或旋松各种尺寸的槽形机用螺钉、木螺钉以及自攻螺钉的手工工具，又称螺丝刀，俗称旋凿、改锥、起子。它的主体是韧性的钢制圆杆（旋杆），其一端装配有便于握持的手柄，另一端镦锻成扁平形或十字尖头形的刀口，以与螺钉的顶槽相啮合，施加扭矩于手柄便可使螺钉转动。

旋杆的刀口部分经过淬硬处理，耐磨性强。常见的螺钉旋具有 75 mm、100 mm、150 mm、300 mm 等长度规格，旋杆的直径和长度与刀口的厚薄和宽度成正比。手柄的材料为直纹木料、塑料或金属。螺钉旋具一般按旋杆顶端的刀口形状分为一字形、十字形、六角形和花形等数种，分别旋拧带有相应螺钉头的螺纹紧固件。其中以一字形和十字形最为常用。

当螺钉处于物体的内部或操作空间狭窄时，可使用弯头式螺钉旋具。弯头式螺钉旋具是两头弯曲成直角的 Z 形横杆，一端的刀口与横杆平行，另一端的刀口则与横杆形成直角。利用其中一端转动螺钉到达极限位置后，掉转过另一端，继续转动螺钉，直到旋紧或旋出螺钉为止。

图 2-5 所示为各种螺钉旋具。

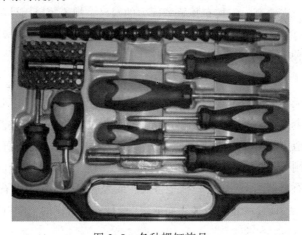

图 2-5　各种螺钉旋具

6. 扳手

扳手是一种用于拧紧或旋松螺栓、螺母等螺纹紧固件的装卸用手工工具。扳手通常由碳素结构钢或合金结构钢制成。扳手头部具有规定的硬度，中间及手柄部分则具有弹性。当扳手超负荷使用时，会在突然断裂之前先出现柄部弯曲变形。常用的扳手有活扳手、呆扳手、梅花扳手、两用扳手、套筒扳手、内六角扳手和扭矩扳手 7 种。

（1）活扳手。由活动扳口、与手柄连成一体的固定扳口和调节蜗杆组成。蜗杆呈圆柱状，其轴向位置是固定的，只绕淬硬的销轴转动，用以调节夹持扳口的大小。

（2）呆扳手。它的一端或两端带有固定尺寸的开口。双头呆扳手两端的开口大小一般是根据标准螺帽相邻的两个尺寸而定。一把呆扳手最多只能拧动两种相邻规格的六角头或方头螺栓、螺母，故使用范围较活扳手小。

（3）梅花扳手。活扳手和呆板手仅仅将螺纹紧固件转动 1/4 圈后就无法继续转动，所以活动扳手和呆扳手的凹形开口的中心线与扳手手柄之间设计成 15° 或 22° 30′ 的斜度，以缩小扳手摆动的范围。在摆动角度小于 60° 的地方，可选择梅花扳手。梅花板手的两端带有空心的圈状扳口，扳口内侧呈六角、十二角的梅花形纹，并且两端分别弯成一定角度。由于梅花扳手具有扳口壁薄和摆动角度小的特点，在工作空间窄狭的地方或者螺纹紧固件密布的地方使用最为适宜。常见的梅花扳手有乙字形（又称调匙形）、扁梗形和短颈形 3 种。

（4）两用扳手。两用扳手是呆扳手与梅花扳手的合成形式，其两端分别为呆扳手和梅花扳手，故而兼有两者的优点。一把两用扳手只能拧转一种尺寸的螺栓或螺母。

（5）套筒扳手。专门用于扳拧六角头螺纹紧固件。套筒扳手的套筒头是一个凹六角形的圆筒，用来套入六角头螺纹紧固件。套筒扳手一般都附有一套各种规格的套筒头以及摆手柄、接杆、万向接头、旋具接头、弯头手柄等。操作时，根据作业需要更换附件、接长或缩短手柄。有的套筒扳手还带有棘轮装置，这种设计除了省力以外，还使扳手不受摆动角度的限制。

（6）扭力扳手。扭力扳手是依据梁的弯曲原理、扭杆的弯曲原理和螺旋弹簧的压缩原理而设计的，能测量出作用在螺纹紧固件上的力矩大小的扳手。扭力扳手又有平板型和刻度盘型两种。使用前，先将安装在扳手上的指示器调整到所需的力矩，然后扳动扳手，当达到该预定力矩时，指示器上的指针就会向销轴一方转动，最后指针与销轴碰撞，通过音响信号或传感信号告知操作者。扭力扳手通常用于需要有一定均布预置紧固力的螺母、螺栓等紧固件的最后安装，或者是建筑工程等施工设备带有液压、气压装置的装配。

图 2-6 所示为各种扳手。

7. 金刚石工具

金刚石工具是以天然或人造金刚石为材质制成的具有超强硬度的手工工具。金刚石是一种天然的最硬的物质。用金刚石制造的工具主要用于修整磨损的硬质工具以及割划异常坚硬的物体。

金刚石工具的制造方法主要有两种。一种是将天然的颗粒状金刚石，直接镶嵌在金属接头上。用这种方法制作的金刚石工具有：用于测量金属硬度的硬度试验计上的金刚石压头，用来裁划平板玻璃或镜片的金刚石玻璃割刀等。另一种是将天然或人造的细颗粒金刚石，按一定规律排列在金属粉末中，采用粉末冶金工艺，经过机械加工而成。用这种方法制作的金刚石工具有金刚石砂轮刀、金刚石切割片等。

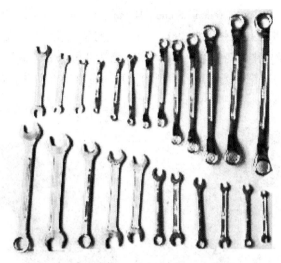

图 2-6　各种扳手

通常情况下，砂轮使用时间一长就会出现凹槽或磨面缺损而影响质量，这时就需要用金刚石砂轮刀将其重新修整磨平后才能继续使用。金刚石砂轮刀有 60°、90°、120° 等角度，可适应不同的修整需要。

金刚石切割片是一种极薄的圆片，中间开有圆形孔洞，安装在砂轮机或其他动力机上，通过快速转动来割断那些普通锯难以切割的高硬度的非常贵重的非金属材料以及半导体材料。此外，还有一种用来抛磨光洁物体表面的金刚石研磨膏。它是由金刚石微粒糅合于润滑油膏而制成的液状研磨材料，主要用来磨光一些非常坚硬、光洁度要求极高的精密物体，譬如航空器上的零部件等。

图 2-7 所示为各种金刚石工具。

图 2-7　各种金刚石工具

2.1.2　电动工具

电动工具是一种用手握持操作，以小功率电动机或电磁铁作为动力，通过传动机构来驱动作业工作头的工具。

电动工具主要分为金属切削电动工具、研磨电动工具、装配电动工具和铁道用电动工具。常见的电动工具有电钻、电动砂轮机、电动扳手和电动螺钉旋具、电锤和冲击电钻、混凝土振动器、电刨等。

（1）电钻。主要规格有 4 mm、6 mm、8 mm、10 mm、13 mm、16 mm、19 mm、23 mm、32 mm、38 mm、49 mm 等，数字指在抗拉强度为 390 N/mm 的钢材上钻孔的钻头最大直径。对有色金属、塑料等材料最大钻孔直径可比原规格大 30%～50%。图 2-8 所示为电钻。

（2）电动砂轮机。用砂轮或磨盘进行磨削的工具。有直向电动砂轮机和电动角向磨光机。图 2-9 所示为电动砂轮机。

图 2-8　电钻　　　　　　　　　　　　　　　图 2-9　电动砂轮机

（3）电动扳手和电动钉旋具。用于装卸螺纹联接件。电动扳手的传动机构由行星齿轮和滚珠螺旋槽冲击机构组成。规格有 M8、M12、M16、M20、M24、M30 等。 电动螺钉旋具采用牙嵌离合器传动机构或齿轮传动机构，规格有 M1、M2、M3、M4、M6 等。图 2-10 所示为电动扳手，图 2-11 所示为电动螺钉旋具。

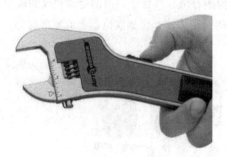
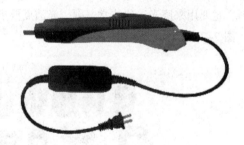

图 2-10　电动扳手　　　　　　　　　　　　　图 2-11　电动螺钉旋具

（4）电锤和冲击电钻。用于混凝土、砖墙及建筑构件上凿孔、开槽、打毛。结合膨胀螺栓使用，可提高各种管线、机床设备的安装速度和质量。图 2-12 所示为电锤，图 2-13 所示为双速冲击电钻。

图 2-12　电锤　　　　　　　　　　　　　　　图 2-13　双速冲击电钻

（5）混凝土振动器。用于浇筑混凝土基础和钢筋混凝土构件时捣实混凝土，以消除气孔，提高强度。其中电动直联式振动器的高频扰动力由电动机带动偏心块旋转而形成，电动机由 150 Hz 或 200 Hz 中频电源供电。图 2-14 所示为混凝土振动器。

（6）电刨。用于刨削木材或木结构件，装在台架上也可作为小型台刨使用。电刨的刀轴由电动机转轴通过传动带驱动。图 2-15 所示为电刨。

图 2-14　混凝土振动器　　　　　　　　　　　图 2-15　电刨

2.2　产品模型材料的选择和使用

模型用材主要包括两大部分，即模型成形材料和模型辅助材料。

2.2.1　模型成形材料

模型成形材料是模型制作的物质基础。模型成形材料很多，选择时必须充分了解掌握各种模型成形材料的材质、构造、性能、特点及加工方法，充分利用材料的内在特性和外在特性，这对产品模型的制作具有着重要的意义。材料选择的适当与否，对产品内在和外观质量影响很大。因此，设计师在选择材料时，除必须考虑材料的固有特性外，还必须考虑材料与功能、形态、人、环境的有机关系。常用的模型成形材料有黏土、油泥、石膏、木材、泡沫塑料、塑料型材、玻璃钢、金属材料等。有关模型成形材料的知识将在以后章节中详细介绍。

1. 材料的选择原则

模型制作材料种类繁多，量大面广。在模型制作过程中如何正确、合理地选用材料是一个实际而又重要的问题。模型成形材料的选择遵循以下的原则：

（1）材料的外观。考虑材料的感觉特性，根据产品的造型特点、民族风格、时代特征以及区域特征，选择不同质感、不同风格的材料。

（2）材料的固有特性。材料的固有特性应满足产品功能、结构、使用环境、加工制作的需求。

（3）材料的工艺性。材料应具有良好的工艺性能，符合造型设计中成形工艺、加工工艺和表面处理的要求，应与加工设备及生产技术相适应。

（4）材料的生产成本。在满足设计要求的基础上，尽量降低成本，提高劳动生产率，争取以最少的各种消耗（时间、精力、财力、物力、能源）创造最大的价值。

（5）材料与环境的关系。要处理好材料与环境的关系，优先使用资源丰富、价格低廉、有利于保护生态环境的材料。

（6）材料的创新。新材料的出现为产品设计提供更广阔的前提，满足产品设计的要求。

2．影响材料选择的基本因素

影响材料选择的因素有很多，除了自身的固有特性外，还有以下几个因素：

（1）功能。材料是实现产品功能的物质基础和载体，材料选择的恰当与否直接影响产品功能的可能性、可靠性和经济性。材料应该以最经济和最合理的方式来实现产品的功能，产品的功能也应该最充分地发挥出材料的固有特性。

如何综合考虑模型制作过程中对产品的功能、人机工程学和力学方面的要求，以及加工工艺难点和由此产生的成本问题，已成为材料选择中的主要问题。

（2）外观。模型的外观在一定程度上受其可见表面的影响，因此外观也是材料选择应考虑的一个重要因素。就模型的表面效果来看，材料还影响着表面的自然光泽、反射率与纹理，影响着所能采用的表面装饰材料和方式。至于造型所采用的制造工艺与手段，如浇注、模锻、冲压、切削等也在很大程度上依赖所采用的材料。

（3）安全性。安全是最基本的因素。材料的选择应按照有关的标准选用，并充分考虑各种可能预见的危险。因为每一种模型都有不同的功能，也就有不同的结构，而模型或产品使用时，安全性与结构是有直接联系的。因此，我们应根据不同的模型选择与之相应的安全性材料。

2.2.2　模型辅助材料

在产品模型制作过程中，除了使用模型成形材料外，还需要使用一些辅助材料，如胶粘剂、泥子、涂料及辅助加工材料等。

1．胶粘剂

产品模型成形材料的多样性决定了所使用的胶粘剂的不同，制作产品模型所需要的胶粘剂以市场供应的为宜，直接使用，简单方便。常用胶粘剂如表 2-1 所示。

表 2-1　常用胶粘剂

类　型	名　称	特　点	用　途
环氧树脂型	双组分快速胶粘剂（万能胶）	粘接力强，耐化学腐蚀性好，粘接范围广	粘接金属、玻璃、陶瓷、木材、塑料
丙烯酸酯型	氰基丙烯酸酯胶粘剂（502）	常温下能迅速固化	除 PE、PP、氟塑料、有机硅树脂外，对各种材料均有良好的粘接性
酚醛-橡胶型	酚醛-氯丁胶粘剂（401）	粘接力强，韧性好	用于橡胶类制品、橡胶与其他材料的粘接、金属、木材、塑料
乳液型	聚醋酸乙烯乳液（白胶）胶粘剂	粘接力强，对粘接材料无侵蚀作用	粘接纸、木材、泡沫塑料
压敏型	胶带	使用方便	界面处理辅助用料
溶剂型	三氯甲烷、丙酮	本身无黏性，使用局限性大，只能粘接可溶于自身的材料	粘接有机玻璃、ABS 塑料

图 2-16 所示为胶粘剂。

图 2-16　胶粘剂

2. 泥子

在模型制作后期或涂装之前，常使用泥子（也写作腻子，又称原子灰）填补不正整表面以提高产品模型的外观质量。泥子的刮涂以薄刮为主，每刮涂一遍待干，用砂纸打磨后再刮涂，再打磨，直至符合喷涂要求。模型制作常用的泥子有自调泥子与专业泥子两种。

（1）自调泥子。自调泥子是按模型的材质和外观要求来选材调制的。所用的原材料有水、酒精、松香水、胶水、虫胶、清油、生漆、各色硝基漆和石膏粉、大白粉（碳酸钙）等。

图 2-17　专业泥子

（2）专业泥子在产品模型制作中通常使用的专业泥子为原子灰（即苯乙烯泥子），如图 2-17 所示。原子灰为双组分（苯乙烯+固化剂）快干泥子，质地细腻，无砂眼、无气孔，干燥后坚硬易磨。原子灰质量优异，使用方便快捷、干净、易保管，已成为产品模型制作中的重要表面修整材料。

3. 涂料（油漆）

涂料是一种以高分子有机材料为主的防护装饰性材料，是一种能涂敷在制品或物体表面上，并能在被涂物的表面上结成完整而坚硬的保护涂膜。在产品模型制作中，涂料是产品模型外观的重要表现材料，它既能保护模型表面质量，又能增加模型的美观。由纸、泥、石膏等材料制作的研究模型一般不需涂漆，需要涂漆的模型以木材、金属、塑料材料制作的为主。常用涂料有醇酸涂料和硝基涂料。

（1）醇酸涂料。醇酸树脂涂料是以醇酸树脂为主要成膜物质的涂料。醇酸涂料主要特点是能在室温条件下自干成膜，涂膜具有良好的弹性和耐冲击性，涂抹丰满光亮、平整坚韧、保光性和耐久性良好，具有较高的黏附性、柔韧性和机械强度，且施工方便，价格比硝基涂料便宜。图 2-18 所示为醇酸调和漆。

（2）硝基涂料。硝基涂料是以硝化纤维素（硝化棉）为主要成膜物质，加入合成树脂、增塑剂及溶剂而成的溶剂自干挥发型涂料，又称喷漆。

硝基涂料的最大优点是干燥迅速（室温条件下 10 min 可触干，1 h 可干透），涂膜固化快、涂膜光泽感好，坚韧耐磨，耐化学药品和水的侵蚀，还可以配制成清漆、各色磁漆、泥子和底漆。产品模型常用的硝基涂料有普通型硝基涂料和自喷型硝基涂料。

普通型硝基涂料的色相、纯度、明度及稀释度均可自行调配，能与设计要求的色彩基本符合。

自喷型硝基涂料又称自动喷漆，由合成树脂配合各色专业颜料，经机械研磨、过滤，按比例加入助剂、有机溶剂等混合充灌而成。喷漆涂膜干燥迅速、黏附力强、硬度、光泽、耐冲击等综合性能良好，使用方便，适用于金属、木材、塑料等多种材质模型的外观喷涂。

常用普通型硝基涂料和自喷型硝基涂料最大的缺点是使用时消耗大，且多数有毒，对健康及环境有影响。使用时要注意自身防护与通风。图 2-19 所示为硝基漆。

图 2-18　醇酸调和漆

图 2-19　硝基漆

4．辅助加工材料

在产品模型制作中，常用的辅助加工材料有研磨材料、抛光材料以及五金材料等。

（1）研磨材料。研磨材料用于模型表面的修整处理，主要有砂纸、砂布、研磨剂等。砂纸通常分为粗砂纸、细砂纸、水砂纸等多种。图 2-20 所示为砂纸。

（2）抛光材料。抛光材料用于模型表面的抛光处理。常用的有砂蜡和油蜡，操作时用一块绒布、绸布或海绵蘸蜡后在模型表面反复擦拭，直至合乎要求。图 2-21 所示为细砂蜡。

图 2-20　砂纸

图 2-21　细砂蜡

（3）五金材料。在产品模型制作中，为满足产品模型结构和功能的要求，常使用一些五金配件，如各种钉制品（圆钉、螺钉等）、各种垫圈（平垫圈、弹簧垫圈等）、各种直径的铁丝及钢丝、各种五金配件（铰链、合页、搭扣、滑轮等）、各种电子电器材料。图 2-22 所示为各种五金材料。

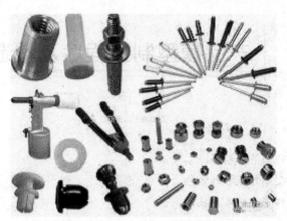

图 2-22　各种五金材料

小　结

本章详细的介绍了制作模型时所需要的各种手工工具和电动工具的适用范围和使用方式，工具的正确使用是完成模型制作的前提和基础。恰当地选择工具，不但会使制作的模型平整美观，而且会减少模型制作所需要的时间和降低制作成本。正确的使用各种工具对在读大学生来说是非常必要的。

而材料的选择也是模型制作所必须的一个条件，不但要考虑到材料的固有特性，也要考虑到材料的工艺性能；不但要考虑到不同材料制作模型时所需的生产成本，也要考虑材料对环境的影响。

实　践　课　题

模型制作工具的使用方法和技巧的学习

内容：选择一家五金店，观看各种工具的样式并向老板询问工具的使用方法，以及在使用过程的注意事项和技巧；或者是到一家工厂去考察，认真地观察工人使用工具的方式并记录。

要求：记录自己所考察或体会到的东西并制作成电子版展示报告，在课堂上讨论交流。

第 3 章　产品模型制作程序及塑造方法

【学习目标】

- 掌握产品模型制作的基本程序；
- 了解设计产品模型制作流程的方法；
- 了解产品模型制作需要的基本技能。

【学习重点】

- 产品图样在模型制作中的意义及应用；
- 制定合理、高效的产品模型制作计划。

3.1　模型制作基本程序与设计

3.1.1　模型制作基本程序

现代产品模型制作的基本程序要求根据产品设计的程序方案进行，是设计的过程中不可缺少的环节。传统的产品设计方法，一般是以效果图、三视图、结构视图来表现，只有在认为确实需要通过形态来检验设计的可行性时才制作模型。在当今激烈的商品竞争环境下，产品开发从设计定位、设计与模型验证、生产到销售整个过程不允许其中的任何一个环节出错。为保障产品准确而快速投入市场，对设计进行验证的模型就显得越来越必要了。

为实现产品最大的商品效能，模型制作已远远超出传统的概念。模型不仅仅是检验设计，并且在设计展开的初期阶段，设计草模的推敲作用对设计创意的完善就有很大的帮助。而且，模型有助于设计师对后期的生产与销售后可能出现的问题进行更深层次的评估。基于现代新产品开发的要求，模型制作的基本程序可归纳为 5 个阶段：

（1）设定方案。从较多的构思方案中，优选出一至二个方案。确定各单元件的相关图面（画出草图，草图要有三维变化角度的视觉效果；然后画出制作模型的基本尺寸比例图）。

（2）准备工作。选择合适的材料，充分了解使用材料的特性、材料的加工方法、涂装性能及效果。准备适当的工具和加工设备。

（3）拟定完善的制作流程。了解模型的结构、性能特点，明确模型制作的重点。制作较大型模型时，应先制作辅助骨架后再进行加工。在评判、分析的基础上进一步加工制作研究模型、结构功能模型、展示模型或样机模型，经评议审核后定型。

（4）表面处理。对模型进行色彩涂饰，以及文字、商标、识别符号的制作和完善。

（5）整理技术资料。建立技术资料档案，供审批定型。

从表 3-1 可以看出设计与模型制作的关系，它们在设计师开发新产品设计过程中是相辅相成的，两者相互依存、相互作用，特别是草模阶段的设计推敲与修改，对完善设计方案功不可没。设计从图样到模型，又从模型到图样，既是推敲设计方案的过程，也是检验设计图样的精确性以及设计方案定位的可行性的过程。

表 3-1　设计表现的层次及形式与模型

阶 段 划 分	设 计 程 序	表 现 形 式	方案可塑性	方案成熟性
准备阶段	设计课题的认识 资料收集与分析 设计目标与定位	文字图表	高	低
展开阶段	构思初步展开 构思初步评价与修改 方案评价、选择、综合	草图 草模 概略效果图		
定案阶段	方案审核 信息反馈	精确效果图 精确模型 概略工程图 设计报告书		
完成阶段	试制与生产	精确工程图 开模 产品样品	低	高

产品概念模型完成后，其所反映的真实效果，可以供给企业进行展示与评估。如果设计效果没有问题，一般可以参照该模型进行三维扫描，将外观造型的数据输入计算机，并进一步通过专用软件完善数据。至此产品设计进入了开模生产的工程设计阶段。工程设计阶段是将设计效果转化为产品的阶段。在这一阶段，为保证新产品的顺利生产，需要更为仔细地对产品安装结构、功能机构、模具结构以及影响开模生产的相关因素进行分析与定位设计。

3.1.2　模型制作与产品图样

在展开产品设计的过程中，设计师首先应将产品的构思创意通过平面的设计图样表现出来，并根据制作模型的需要绘制相关图样。表达设计构思与制作模型的设计图样，一般是设计图的纸透视效果图、产品模型结构视图与工程图。设计绘图是产品设计表达最常用的手法，也是工业设计师必须具备的基本技能。以下就设计图样的表现与模型的关联作简要概述。

1. 透视效果图与模型

透视效果图是随着工业设计产业的发展而产生的一种表现方法。概括地说，它是设计师在产品设计过程中，运用各种媒介与技巧来说明设计构思，传递设计信息，交流设计方案及征询评审意见的工作。就图形信息的传递而言，其任务是将三维空间的物体以平面的二维形式加以再现，借此明细地表达构思中的产品形态、色彩、尺度与材质等造型特征，是整个设计活动中将构思转化为可视化形象的第一步，对模型制作具有直接的指导作用。

透视效果图表现技法很多，与其他艺术表现形式有所区别，其主要的目的是要正确反映产品形象。由于产品设计与工业生产紧密相联，透视效果图的制作必然牵涉到生产工艺技术问题。因此，它是较为系统而复杂的一项设计工程，需要组成一个设计团队来共同解决设计过程中各方面的问题，所有参与设计的人员应包括产品技术的各个方面。在这个团队中工业设计师是产品造型设计的主导。如果绘制产品设计的透视效果图时出现了透视错误或透视比例失调，则很容易使其他参与设计的人员与评价人员被误导，从而造成设计沟通上的障碍。东华大学工业设计专业的吴翔教授在《产品设计教学讲座》一书中专门探讨了就产品设计效果图表现的侧重与作用，明细地说明了效果图准确传递信息的功能与意义。

用于模型制作的透视效果图的表现，一般只要透视比例准确，能够正确反应设计思路即可。其表现的形式围绕设计进度有两种表现方法，即设计草图与精确效果图。这两种不同的表达方式，对设计过程与模型的制作有着不同的作用。

图 3-1 所示为汽车手绘效果图。

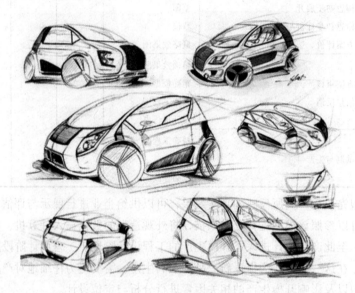

图 3-1　汽车手绘效果图

（1）产品草图。其作用与优点是在设计展开阶段，能够快速表达与推敲设计构思，侧重产品的外观造型、功能结构及整体形态与局部等的和谐关系，对创意构思的发展与深入起到了积极的作用。在产品设计的构思过程中，草图与草模如同一对孪生的姊妹。草图用于表达设计构思，草模用于检验设计思路。通过从草图到草模，又从草模到草图的不断反复推敲与修改，才能逐步使设计走向完善。可见，草图一开始是把发散性设计构思表达出来，而当与草模结合进行推敲设计后，草图又在草模制作推敲过程中起到发现问题的作用，有目的地完善设计创意。所以，草图的目的不是艺术表现，应是充分针对产品设计进行发散性构想与发现问题，将不断完善的设计构思严谨清晰地表现出来，为下一步的设计完善提供开阔的思路。

草图绘制方法可概括为三大类，即线描草图、素描草图和淡彩草图，如图 3-2～图 3-4 所示。在设计表达的过程中，无论采用何种方法，关键在于能否清楚地反映设计思路，否则就失去了表现的意义。

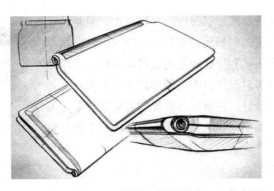

图 3-2　笔记本线描草图

图 3-3　汽车素描草图

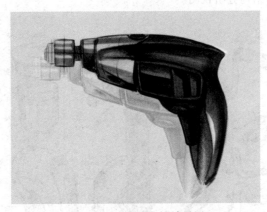

图 3-4　手钻马克笔效果图

（2）精确产品效果图。其作用与优点是相对草图而言的，它对形态、色彩、材质及功能结构以及整体形态与局部的和谐关系等方面，作了更为细致的表现，使设计构思与设计思路更易于传达和交流，并为后期精确产品概念模型的制作提供了直观而可视的参考。

精确产品效果图的另一作用是在制作概念模型之前，可以通过精确产品效果图对设计思路进行初步分析与评估。随着计算机应用平台的普及，精确产品效果图的表现方式已不再局限于传统手绘表达，更多是应用计算机三维图形设计软件进行绘制，强大的三维图形设计软件由数据支持来绘制形态，其可视化的艺术效果比传统绘制的效果更具真实性。目前，常用的三维绘图软件有 3DS MAX、RHINO 和 ALIAS 等。

值得注意的是，计算机虽然绘制图形的功能强大，但是计算机毕竟不是人脑，设计方案的创想还是来自设计师原创。而且，三维绘图软件制作设计形态的程序比较复杂，修改不便。所以，在通过设计草图与设计草模对设计方案进行推敲基本完善后，再用计算机绘制效果图会比较好。精确产品效果图的绘制要求尽可能地体现设计的成熟性，如形态与结构、功能与结构、工艺与材料等。

图 3-5　投影仪精细效果图

图 3-5 所示为投影仪精细效果图。

2. 产品模型结构视图的作用与应用

产品模型结构视图是在设计产品的形态与结构确定后，按设计的要点进行的产品结构与构件设计分析。产品模型结构视图对理解设计与正确制作模型具有直接性的帮助。由于产品形态各部分的结构、功能、材料、工艺技术以及使用方式与生产安装方式等方面的不同，在进行结构设计时必须注重产品的整体形态。在处理产品外部轮廓和组织产品内部构建的同时，各部件的连接与组装方式与整体的关系也不容忽视。这要求设计人员绘制与分析更为详细的产品总体构造与局部结构或机构，包括各构件与形态的相互关联分析、构件形态与尺寸分析、构件材料与功能分析和人机使用分析（产品效果的人机关系不容忽视）等，每个构件成形后选用的材料与模具生产的合理性、适用性及产品生产后的装配问题都要进行全面的考虑。这一步骤是实现理想设计方案的关键，也为后期概念模型的制作以及真实反映设计的可行性提供了帮助。

图 3-6 所示为安装与结构分析视图。

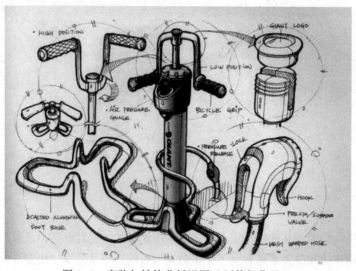

图 3-6　安装与结构分析视图（刘传凯作品）

3. 工程图的作用与应用

工程图是工程技术人员之间通用的专业语言，通常是在产品造型设计基本完成的后期阶段，用来表达准确的产品设计外形和结构尺寸的图样，它是检验产品和指导生产的依据。工程图的绘制有其严格的规范和法则，对模型制作的准确放样不可缺少，制作模型的设计人员必须具备工程制图的能力，才能有效地把握模型制作的比例。

在通常情况下，模型制作是通过工程图对制作的模型进行材料放样，特别是三视图的绘制可以较为准确地表现产品形态的各个立面效果。制作人员可以根据三视图准确地确定各个立面尺寸，按模型制作大小的要求进行尺寸比例放样来加工。一些较复杂的模型还可以根据工程图样绘制按比例放样分解图来放样加工，从而使表达的模型效果更具真实感。

图 3-7 所示为汽车三视图与放样加工的模型。

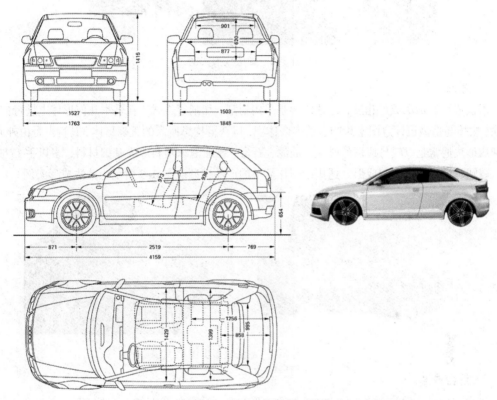

图 3-7　汽车三视图与放样加工的模型

3.2　产品模型制作方法

产品模型是由多种相同或不同材料采用加法、减法或综合成形法加工制作而成的实体。模型制作的方法可归纳为加法成形、减法成形和混合成形。

1. 加法成形

加法成形是通过增加材料，扩充造型体量来进行立体造型的一种手法，其特点是由内向外逐步添加造型体量。将造型形体先制成分散的几何体，通过堆砌、比较、确定相互位置，达到合适体量关系后采用拼合方式组成新的造型实体。加法成形通常采用木材、黏土、油泥、石膏、硬质泡沫塑料来制作。多用于制作外形较为复杂的产品模型。

图 3-8 所示为加法成形实例。

图 3-8 加法成形实例

2. 减法成形

减法成形与加法成形相反，减法成形是采用切割、切削等方式，在基本几何形体上进行体量的剔除，去掉与造型设计意图不相吻合的多余体积，以获得构思所需的正确形体。其特点是由外向里，这种成形法通常是以较易成形的黏土、油泥、石膏、硬质泡沫塑料等为基础材料，多以手工方式切割、雕塑、挫、刨、刮削成形。适用于制作简单的产品模型。图 3-9 所示为减法成形实例。

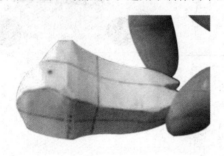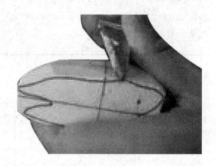

图 3-9 减法成形实例

3. 混合成形

混合成形是一种综合成形方法，是加法成形和减法成形的相互结合和补充，一般宜采用木材、塑料型材、金属合金材料为主要材料制作。多用于制作结构复杂的产品模型。

3.3 产品模型制作技能

3.3.1 制作模型的操作技能

手工模型的制作首先必须具备一定的动手加工表达能力，这些能力主要是设计产品图样的能力、尺寸处理能力、细节处理能力、空间形态的塑造能力、相关技术的基本技能和模型表面处理能力等方面。

1. 设计产品图样的能力

产品模型制作的前提是有可以依据的图样，而产品的图样是指为生产绘制的图样和对图样的文字说明。产品透视效果图、产品模型结构视图及工程视图都是模型制作时所需要的图样。因此，我们必须有设计产品图样的能力，这其实是把自己对产品的创意转变成一种二维平面图形形式的过程。而模型制作的过程是把这种二维的图形再转变成三维实体的过程，这两个过程是相互依存，相互对照的，缺一不可。而且产品图样也可以作为后期模型制作完成后，检验模型是否合理的标准。

2．尺寸处理的能力

尺寸比例是模型的外部形态是否美观合理的要素之一，只有合理的比例尺寸，制作出来的模型才能美观，才能具有其本来所具有的功能。因此，我们必须有正确处理整体与局部比例的能力，每一个构造在整个产品中的位置以及大小都要做到心中有数，千万不能使制作的模型比例失调而造成浪费。

3．细节处理的能力

细节是一个产品画龙点睛的地方，细节处理得当将会使模型有一个质的飞跃。要表现细节最好的方法就是通过"刻线"和一些"补品零件"来表达，刻线是最经济有效的方法，通过增加线条可以使机体表面的层次感得到质的飞跃。刻线的位置和合理性可以多参考一些模型杂志的达人作品。另外，我们必须处理好模型的体面转折和过渡的自然，这些都会使制作的模型更加美观。

4．空间形态的塑造能力

模型制作要求制作人员能按产品平面图的设计效果转化为空间形态的三维实体。我们应该能够在塑造形体的过程中具有把握实体形态及审美效果的能力。在具体的制作过程中其步骤需要以堆、雕、铲、刻等手法进行表现，也需要用心、手、眼的配合来感悟塑造从平面到立体的产品形态。因此，我们应该努力锻炼自己塑造空间形态的能力，只有这样才能更好地把握产品模型塑造的美感与真实性。其实模型的造型和雕塑相似，都需要进行空间形态的塑造。当然，模型制作与雕塑也有不同的地方，产品的形态塑造要求比雕塑更为理性地反映设计的真实效果。

雕塑效果注重表现的主题特征与审美形式，如图 3-10 所示。产品模型注重反映真实的产品形态、材料、结构工艺与使用的功能等，如图 3-11 所示。

图 3-10　雕塑模型

图 3-11　数码产品模型

5．相关技术的基本技能

手工加工产品模型原则上没有明确的界定，相关技术的基本技能是指在加工模型过程中，需要其他加工技术工序的配合。如木工操作、钣钳工技术、熟练操作机械设备和其他加工产品时所牵涉的制作技术。掌握相关技术的基本技能，并根据产品模型制作的需要，合理计划与合理选择加工方法，可以更好地把握产品模型制作的程序和模型制作的工整性。

模型的制作需要学习实践相关技术的基本技能。在本课程学习的前期，工业设计专业教学应安排金工实习。在制作模型之前，最好还要进一步通过模型加工的相关设备的使用，练习制作与设备加工相关的材料形态，增强设备操作的技能。只有如此才能为后期的模型制作奠定实践的基础，保证制作工艺的效果。如木制形态的制作如何切割、刨削和表面打磨的平整处理。图 3-12 所示为制作中心孔倒角，图 3-13 所示为进行的木质模型材料加工练习成果，图 3-14 所示为进行木模型的抛光，图 3-15 所示为正确使用锯的方法。

图 3-12　中心孔倒角

图 3-13　木质材料加工练习模型

图 3-14　各种木材加工工具

图 3-15　正确使用锯

6. 模型表层涂饰技术

模型表层涂饰工艺是模型制作的最后一道工序，涂饰的目的是使模型更接近真实的效果。模型的涂饰工艺有手工涂刷、喷涂和裱糊 3 种形式。涂刷与喷涂的材料各异，通常用油漆，也可以用绘画颜料替代；裱糊的材料应根据模型的特点与需要合理选择，那些要求反映产品的肌理（如皮质效果、车窗玻璃的代用材料等）的制作和贴字等的制作就需要用裱糊的工艺来加工完成。

在模型制作过程中，我们应该根据不同的需求来选用涂饰工艺，并能在此期间认真总结各种不同工艺的优缺点、注意事项、涂饰技巧等，以使模型表面更加光滑、平整。

这些都是手工模型制作的基本技能，只有熟练地掌握这些技能并能根据自己的工作经验，擅于发现问题、分析问题、解决问题，才能够制作出符合要求的美观实用的模型。

3.3.2　制订合理的模型制作计划

模型制作是一项较为复杂的工作，制作工程中环环相扣，如果一步做错了就可能导致满盘皆输，而且模型受造型特点、结构特征与使用不同的材料等因素的影响。所以，在模型制作之前需要进行规划，确定制作的步骤与程序，列出所需要材料和设备的清单，尽可能的考虑到制作过程中有可能发生的紧急情况以及所采取的措施，这些都有利于模型制作的成功。

对于造型复杂的模型，需要将其分开制作，然后再通过一定的方式连接在一起。这就需要我们组成一个团队共同完成模型的制作，但是团队里的每一个成员必须分工明确、团结合作、密切配合，共同完成模型的制作。因此，制定合理的加工程序与步骤并根据工序给小组每个成员分配工作任务是保证模型制作的进度与质量的前提。所以，制定合理的模型制作计划是十分必要的。

小　结

本章详细的介绍了模型制作的基本程序和步骤，在我们的模型实践过程中我们应该按照模型制作的程序和步骤，一步步的完成模型的制作，不能急功近利，贪图速度，而导致最终制作的模型不美观或者不符合其本来应有的功能。在这个过程中，产品图样的绘制是首要的前提，也是检测模型是否标准的依据，产品图样（包括产品草图、效果图、产品的结构视图和工程制图）与模型制作相互存在、相互作用、相互制约的关系是我们应该掌握的，只有掌握了它们之间的关系才能更好的利用它们以达到使产品模型美观且准确的目的。

如何正确的利用加法原理、减法原理和加减法混合原理的方法制作模型也是我们认真思考的问题之一。每一种模型都有与之相应的方法，因此我们也必须学会选择正确的方法。正确的方法不但可以快速地完成模型的制作，而且能够使模型的形态更加美观合理。

在掌握了模型制作的程序步骤与成形方法之后，我们还应该掌握模型制作的技能。其实模型制作的技能也是环环相扣的，产品设计图样的绘制是前提，尺寸比例的处理、细节的处理、空间造型的塑造技能是关键，模型的表面处理技能是补充，它们之间相互存在、相互制约。因此，要想制作出美观合理的模型，我们必须掌握这些技能。而且，正确合理的制作计划也是必不可少的过程，计划是行动的指南，应该有自己的大计划和小计划，计划的完成也就意味着模型制作的完成。

总之，模型制作的程序与步骤、模型制作的方法、模型制作的技能、模型制作的工作计划和团结合作的精神，这些组成了模型制作的全部。在这一章中，都做了详细的介绍，大家应该在模型制作的实践中不断的总结，以更好的理解和掌握。在下一章中，将会分别介绍不同材料模型的制作过程，将会分别体现模型制作的程序步骤与方法技巧。

实践课题一

模型制作方法学习

内容：选择合适的材料（如塑料、泡沫塑料、木材等）进行加法成形、减法成形和混合成形的简单训练，并从中体会空间形态的塑造过程、尺寸比例的处理过程，体面转折与过渡的处理过程、表面打磨修整过程等。

要求：总结模型制作过程中的成形原理与技巧，连同制作的模型在课堂上展示并探讨交流。

实践课题二

模型制作计划的制定研究

内容：班级自行分组，大约 4～6 人一组，每组选择一个模型制作的题目，小组内的成员就自己小组的题目制定详细的计划，并分配工作任务。

要求：小组内部，将每个成员制定的计划和每个人分配的任务放在一块，并讨论计划的可实施性以及每个成员任务的合理性。

第 4 章　产品模型制作工艺

【学习目标】

- 掌握所述不同材料产品模型制作的基本程序与方法；
- 掌握所述类型产品模型制作需要的基本技能。

【学习重点】

- 油泥模型制作的流程、方法；
- 石膏模型制作的流程、方法；
- 各种类型产品模型制作的工具与材料选择。

4.1　黏土模型、油泥模型的制作

黏土模型和油泥模型都是采用泥材料制作的模型。泥材料根据其组成分为水性黏土和油性黏土。采用水性黏土材料制作的模型称为黏土模型，而采用油性黏土材料制作的模型称为油泥模型。黏土模型和油泥模型具有许多相似之处，两者制作工艺基本相同，主要用于制作研究型模型，用于产品设计初期阶段设计构思的推敲研究。

图 4-1 所示为雕塑泥，图 4-2 所示为雕塑泥模型，图 4-3 所示为油泥材料，图 4-4 所示为油泥汽车模型。

图 4-1　雕塑泥

图 4-2　雕塑泥模型

图 4-3　油泥材料

图 4-4　油泥汽车模型

4.1.1　黏土、油泥的特性

1. 黏土的特性

黏土是一种含水铝硅酸盐矿物质，由地壳中含长石类岩石（高岭土、钠长石、石英等）经过长期风化与地质作用而生成。在自然界中分布广泛，种类繁多，储量丰富。其主要化学成分是氧化硅、氧化铝和水，有的含有少量氧化钾，具有矿物质,和水掺和产生可塑性，经破碎、筛选、研磨、淘洗、过滤、配成泥坯料可用于塑制及拉坯成形的模型。

用于模型制作的黏土通常是用水调和质地细腻的生泥，经反复砸揉而得，其黏结性强，使用时柔软而不粘手，干湿度适中为宜。黏土可塑性强，可以根据设计构思自由反复塑造，在塑造过程中可随时添补、削减，充分体现了黏土材料在塑制过程中的优点，极适合研究模型的制作。

由于黏土模型所使用的黏土属水性材料，干燥后易裂、不便保存，一般多用于设计创意模型的制作或翻制石膏模型以便保存。

2. 油泥的特性

油泥是一种软硬可调、质地细腻均匀，附着力强，不易干裂变形的有色造型材料，它是一种油性材料。主要成分由滑石粉、凡士林、石蜡、不饱和聚酯树脂等根据硬度要求按照一定比例配制而成,调整组成的配比，油泥的硬度、黏度、可塑性、刮削性会发生相应的变化。

油泥的可塑性会随组成、环境温度而产生变化。在室温条件下，油泥呈硬固状态，附着力差，需要加热变软后才能使用。加热温度要适中，如果加热温度过高会使油泥中的油与蜡质丢失，造成油泥干涩，影响使用效果。所以在冬季使用油泥时，室内最好通过取暖设施将温度升高，或者用热水将油泥隔水加热，待其变软后使用；而夏季气候炎热，环境温度高，应避免阳光直射在模型上，应选择在阴凉通风处进行塑造作业。

油泥可反复使用，在反复使用过程中不要混入杂质，以免影响质量。

油泥具有良好的可塑性，可进行塑、雕、削、刮、堆、填、补等加工，不易碎裂，但其后期处理比较麻烦。油泥材料是设计中使用较多的一种模型材料，主要用来制作产品的研究型模型，是表现设计构思较为理想的材料。

目前在工业设计中使用较为流行的油泥材料是一种日本进口油泥，其质地细腻，加热软化温度为 $40℃\sim50℃$，软化铺贴时不粘手，冷却后较为硬挺，成形后不易变形，颜色通常为黄色或深灰色。

4.1.2　塑造油泥模型的工具及其运用

1. 手

可以把手看成是塑造的工具，从而得到更好、更感性的对材料的认识和掌握，这也是塑造材料和技艺特点本身的要求。

手本身适应泥料特性的能力很强，通过手能产生各种变化微妙的形体，是塑造功能最强的工具。泥料可塑性和柔韧性好、富有弹性，要求伸缩曲转灵活，用手直接去接触油泥，改变它的形状，进行堆积、粘贴，塑造出设计对象的形体。

因此，在塑造的过程中，便要特别注意手本身的运用和技巧训练，要有意识地养成用手直接进行塑造的习惯，培养手对油泥的控制技巧和对形体塑造的灵巧性。这对油泥模型的制作是非常有意义的。

2．其他工具

在大多数情况下，塑造过程还需要借助于其他工具来辅助手的工作，如某些多余泥料的去除，某些手指难以到达的深度或细部的塑造，各种体、面、线、角转折与过渡，或特殊的表面质感效果的表现强调等。因此，根据模型制作的需要，还应该备有一些专用的塑造加工工具。

（1）刮刀。刮刀是把油泥加工成形的常用工具，根据模型制造过程中塑造形体的不同要求，刮刀的形状和尺寸也有所不同，可以分为以下几种刮刀：

① 平面刮刀用来把油泥刮成平缓表面或轻微曲面，无论是粗糙刮削还是细腻刮削都要用到不同尺寸的平面刮刀。

② 齿形刮刀是油泥模型粗削用的工具。用齿形刮刀在油泥表面沿不同方向刮削，使油泥表面形成有细小凹凸的表面层，刮削阻力小，表面容易平整光滑。

③ 双刃刮刀也是油泥粗削时的工具，使用时可根据需要选择合适的用具，沿对角线拉刮，使油泥表面形成有凹凸的表面层。

④ 三角刮刀用来刮削普通刮刀难削到的狭小地方。

⑤ 卵形刮刀用于制作细致的凹面，刻画窄槽或完成内侧反 R 面。

⑥ 两 R 形刮刀用来完成模型内大的曲线的制作。

⑦ 钢丝刮刀是由钢丝弯曲而成并附有手柄的刮刀。上部钢丝刃是平直的，另一侧制成 U 形以便于雕刻。钢丝刮刀用于完成细节、刮棱边以及部件。

图 4-5 所示为各种刮刀。

图 4-5　各种刮刀

（2）刮片。刮片用于光顺刮过的表面或使变形表面变得光顺，是油泥精细塑造常用的工具。刮片多由弹性材料制成，如橡胶刮片、弹性钢制刮片等，因此可以紧密贴合刮削曲面，对于完成油泥表面的精确塑造是必不可少的工具。刮片的外形如图 4-6 所示。

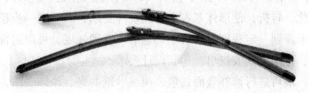

图 4-6　刮片

（3）刮板。多由木质材料（如黄杨木）制作而成，样式齐全，种类丰富，可以真实地塑造模型曲线表面。图 4-7 所示为各种刮板。

另外，制作模型的工具还有一些不同形状的钢片、各种模具以及各种测量用尺规等。

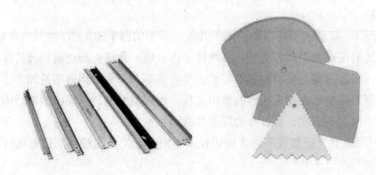

图 4-7 各种刮板

4.1.3 黏土模型、油泥模型的制作工艺

黏土模型和油泥模型大多采用传统的手工加工方式来制作，两者加工方式大致相同，所以下面就油泥模型的制作工艺做一下介绍。

由于油泥材料的价格较高，在制作较大的油泥模型时可先用发泡塑料做内芯、骨架，使油泥的利用既经济又充分。

塑造的辅助材料有木质、金属、塑料等材料。辅助材料是在塑造过程中可以增强模型牢固性且可充当模型的骨架材料。木质材料有木板、木块等；金属材料有铁丝、薄铁板；塑料材料有塑料板材、板材、管材等。还有泡沫塑料等材料，在塑造中可用作"填充料"以增大模型的内部体积，减少表面加泥量，能够有效地减轻模型的自重。但对于形体不大的模型则没必要使用，对于大、中型模型尤为适用。

1. 油泥模型制作的主要步骤

三视图→硬泡沫切割大形（或用木质骨架，表面贴三层板）→涂敷油泥→初刮成形→精刮→干燥→喷漆→表面装饰完成。

（1）油泥模型制作先画好产品的三视图，然后按照三视图的尺寸下料。可以用硬泡沫切割出大的形体，也可以用木板钉成骨架，外面贴上三层板。

（2）在制好的骨架表面贴油泥。贴油泥时先用手往硬泡沫或木质骨架上粘贴，用雕塑的手法一步步地做，把表面全部均匀地贴上一层。

（3）开始找大形，高的地方可以用刮刀、雕塑刀等工具刮，低的地方可以用手或雕塑刀往上添加油泥，找出大面；然后进行深入制作，按照大的形体进行塑造。最后从每个局部形体的造型，找出形体上的凹凸变化、转折，使形体基本上达到设计要求，然后进一步精细加工修饰。

（4）当油泥表面干燥到一定程度时，有了一定的硬度和强度，可以进行磨光。磨光后，把表面的一些细线、凹槽、孔洞刻划或挖出，达到设计要求。

（5）完全干燥后，最后进行修补表面划痕，用细砂纸磨光，涂饰底漆，最后喷漆装饰。

2. 油泥模型制作过程中应注意的几个问题

（1）骨架结构。在大型油泥模型的开发中，骨架是由铝合金、钢管和木材连接而成，而对于小型模型，由木材和聚苯乙烯泡沫制成的骨架便于制作，但必须具有足够强度以免搬运时扭转或弯曲而不对称。

（2）填敷技术。为提高油泥的粘附性，首先要检验木材和泡沫聚乙烯的表面有无灰尘或局部细屑。在填敷油泥以前，如果灰尘不易消除，就涂漆固定。油泥填敷第一层要薄，均匀地扩展到整个形体。第二层要在形体的粗糙面较厚部位的边缘填敷。随后根据最终形状，顺滑地填油泥至预定位置，初敷到此就结束了。

（3）油泥温度。填敷时油泥的温度很重要，新敷油泥的温度应尽量接近已填敷油泥的温度，如果差别太大，新敷油泥很快冷却后，形成一个玻璃层。

（4）油泥厚度。填敷在骨架上的油泥量应根据设计的完整程度而有所区别。如果设计还不明确，油泥量就要增加，因为额外油泥对制作上的调整很有必要。如果设计是明确的，仅大约 25 mm 的油泥量就足够了。油泥量在外形有变化的部位也不同，如拐角部位。在整个模型上，油泥的厚度应尽可能一致，因为厚度的差异将会导致油泥表面爆裂。

3．油泥模型制作的基本成形方法

（1）刮削。是通过刮削油泥来完成外形形状的成形方法。这是现在汽车模型界主要的成形方法。首先敷上的油泥要比达到要求形状所需要的油泥多，然后通过刮削来获得目标形状。这个方法很适用于主要由大平面和伴有锐角的线组成的表面的设计。

（2）添加。此方法是在形体上仅仅填敷要求的油泥量来形成的，通常每层的厚度都要小于要完成的最后形状。这个方法是从早期的雕刻得到的。"添加"适用于由圆形顶端和有强烈变化的曲线的外形轮廓的形状设计，主要用于比例模型中。

上面详细地介绍了黏土、油泥的特性以及制作黏土、油泥所需要的各种工具，油泥模型的制作工艺和在制作过程中应该注意的地方。仅有这些理论知识是远远不够的，我们应该在模型制作的实践中体会理论知识，理论和实践相结合将更有利于我们掌握模型制作工艺。下面以奥迪概念车制作模型为例进行介绍，大家在制作过程中应该多观察、多总结，以加深印象。

4.1.4　制作实例——奥迪概念车

要求：用油泥制作缩小比例的奥迪概念车模型

分析：由于制作的是概念车，所以就具有与制作一般车不同的地方。概念车主要注重设计的形式，重点是表达设计的思路与概念。奥迪概念车模型所表达的设计效果，一般都是较为超前或创新的设计概念，其设计创意的具体形式，一般也超前于现有的工艺加工技术。奥迪概念车模型重在对未来设计思维的研究和推敲，因此，奥迪概念车模型的设计目的也偏重于将设计的创新概念通过模型制作进行可视化的表达，而较少考虑开模与生产方面的问题。

奥迪概念车制作可以整体成形，为节省油泥，模型内部衬有木板芯模。奥迪车的整体可以分为车体、车轮、车头等几部分，对这几部分要进行分别处理。首先塑造出车体的大型，然后分别塑造轮罩、前脸、腰线、车棱的斜立面、腰线以下的面、车门下端凹入的部分等，这样奥迪概念车的整体外观就展现在我们面前，最后进行打磨修整处理，就完成了奥迪车的模型制作。

1．准备材料和工具

打印 1:4 平面图，输出两份带有尺寸的图样，一份将做模板用，一份做挂图用。图 4-8 所示为汽车视图，图 4-9 所示为各种材料和用具。

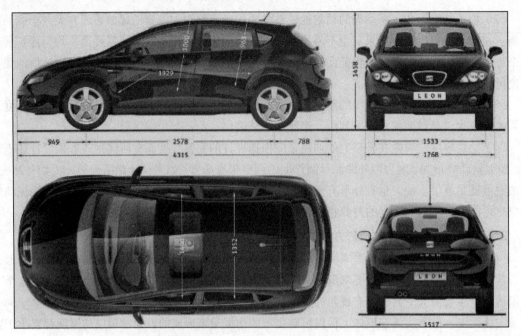

图 4-8　汽车视图

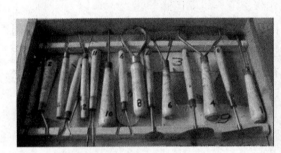
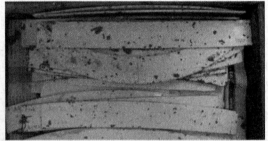

图 4-9　各种材料和用具

2．制作模板

将以打出的平面图放在木夹板上，用锯字机或曲线锯锯出车形轮廓（注意：在锯时锯要离线有 1～2 mm 的余地，以防多锯）。在钉立脚时要借用角尺，保证模板站立时垂直且稳定模板的制作过程如图 4-10 所示（工作台表面带有尺寸格）。

图 4-10　制作模板过程

3．制作内胎和地板

将夹心板锯出略小于汽车平面图的长方形板，再根据车轮、轮距、轴距的数据锯出 4 个车轮的相应凹形。在其背面钉上"T"形或"工"形的支架。

支架高度即是底板底面至台面的高度，也是汽车离地间隙的高度。前轮轴距中心为汽车坐标原点，底板及支架的纵向中线与台面的中线要对准、吻合。在板面上均匀钉上铁钉，尖端钉穿朝上。图 4-11 所示为地板。

图 4-11　地板

先将泡沫板或苯板用建筑胶粘合成稍大于车模体积的长方体，再将底板面涂上胶液，如图 4-12 所示，将方体与底板粘合好。

用锯锯出车的简略形状来，如图 4-13 所示。

图 4-12　涂胶　　　　　　　　　图 4-13　车的简略形状

用模板检测内胎的大小，如图 4-14 所示，内胎到模板的间距（即抹油泥的厚度），在教学中一般留出 2～3 cm。

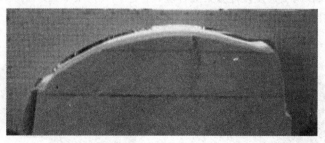

图 4-14　检测车形

第一遍油泥敷抹完后再敷时，先用 3 个方向的模板放在适当的位置，观察出尚需油泥的厚度并用泥沿板缘确定其到位的高度。在敷油泥塑造的过程中，还需多次用模板检测油泥的多少，油泥的厚度应略大于模板所给的厚度，以留出余量，用于后期的打磨修整处理。

每天做完离开时都应该用布、薄膜等覆盖油泥车模，以防染尘。

初步成形的过程如图 4-15 所示。

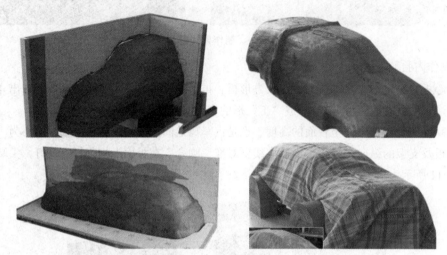

图 4-15　初步成形

4．初刮与审视、调整

初刮时用一边带齿的刮刀刮出大面，刮时刮刀前后两次的运动方向应呈十字交叉状，以保持该面的平整。

用带齿的刮刀刮时一只手持刮刀，一只手按压以控制力量。

在初刮的过程中，需多次用不同的模板进行检测，多余的部分刮掉，尚需的部分和刮过的部分再用油泥补上。

在粗刮时，最重要的要求是油泥模型要与设计图样相像，并且左右两部分要对称。其中对称性是最麻烦的，建议找一块大镜子，放在已经加工好的那面，加工者站在未加工面一边，对着镜子的反射影像加工。这样就可以基本保证对称，当然在加工过程中，还要不时的从前面和后面仔细观察。

初刮完成后并不能急着进行精刮，而需要对将二维上设计的方案转化成三维实体后的模型进行审视、改进、批判和调整，使设计方案更合理、合意，具体细节处理更明晰，总体逐步趋于完善。图 4-16 所示为切刮成形的过程。

图 4-16　初刮成形

5．精刮车体

油泥模型精刮是在模型基本符合总布置曲线图及效果图后进行的。在精刮的过程中要依据个人的主观感受、审美观和视觉差带来的各种艺术效果进行，力求使整个车身表面曲率过渡平稳，表面光滑。前风窗、侧窗、乘客门、驾驶员门、行李箱和油箱等细部的雕刻要注意线条的粗细均匀，凹凸适度，以使油泥模型具有逼真的效果。精刮过程如图 4-17 所示。

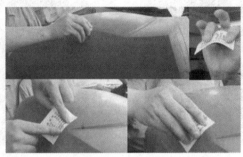

图 4-17　精刮过程

6．制作轮罩

将一大小合适的有机板或塑料片放在下面，把平面图的轮罩部分覆盖在上面，用针沿轮罩与车身的交接线扎孔，如图 4-18 所示，底片上即复制有轮罩的原大的形状。用刀沿线裁割掉轮罩的部分，只留下车身与轮罩的交界弧线以外的部分，如图 4-19 所示，即制好模片。

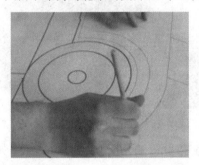

图 4-18　用针沿轮罩与车身的交接线扎孔　　图 4-19　用刀沿线裁割掉轮罩的部分

将裁好的模片固定在车体的恰当之处，正好留出轮罩的位置，如图 4-20 所示。用油泥堆抹出略大于实际轮罩的形体，再用一卡片制作的凸弧形刮片，用刮片刮出准确光滑的轮罩，如图 4-21 所示。

图 4-20　将模片固定在车体上　　图 4-21　用刮片刮出轮罩基本形并修整

7. 车头、腰部成形

（1）制作车侧面保护条。先做一油泥条，再用一卡片现做一凹形刮片，刮出泥条基本形，如图 4-22 所示。将一做好的泥条铲起，细心地按贴在车体侧身相应的位置，完成车侧保护条的制作，如图 4-23 所示。

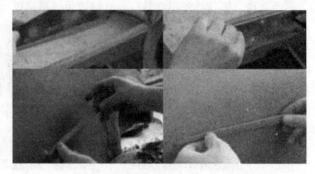

图 4-22　制作保护条　　　　　　　图 4-23　将保护条贴在车侧身相应的位置

（2）确定车身侧面腰线及车头造型。用胶带拉直瞄准定出腰线的位置。如不理想可再拉贴，直到满意为止，如图 4-24 所示。用刀划出前脸的造型样式如图 4-25 所示。

图 4-24　划出车的腰线　　　　　　　图 4-25　划出前脸的造型样式

（3）刮棱的斜立面。用胶带贴出上下两边的界线，各贴两层，再用刮刀刮出该斜立面，如图 4-26 所示。

（4）刮腰线及腰线以下的面。在腰线下沿处贴上两层胶带，要保持线条的挺拔。精刮腰线以上的面，撕掉一层胶带再刮。在腰线上沿再贴两层胶带，刮修腰线以下的面，如图 4-27 所示。

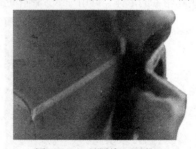

图 4-26　刮棱的斜立面　　　　　　　图 4-27　刮腰线以下的面

（5）制作车门下端凹入部分。沿凹入形的外沿贴两层胶带，下端用三角刮刀靠尺刮出，上端用刮片刮出，依然是刮—撕—刮—撕的过程。

8. 后期处理

精刮车顶部与侧身相邻两面，做出准确、有力度的棱线。刮形总的顺序是：面—线—点。用软硬不同的卡片刮片对棱线进行倒角处理，注意持片的姿势。图 4-28 所示为刮棱线，图 4-29 所示为进行倒角处理，图 4-30 所示为完成的汽车油泥模型。

图 4-28　刮棱线

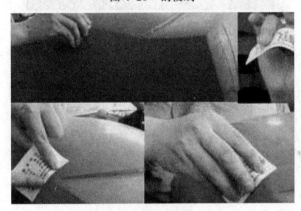

图 4-29　倒角

图 4-30　汽车油泥模型

4.2　石膏模型制作

4.2.1　石膏材料的特性

生石膏即天然石膏，是一种天然的含水硫酸钙矿物，纯净的天然石膏常呈厚板状，是无色半透明的结晶体。由于它是含有两个结晶水的硫酸钙，故又称二水石膏。

熟石膏粉具有很强的吸水特性（见图 4-31）。通常熟石膏粉都是用塑料袋密封包装，所以一袋熟石膏最好一次使用完，如果不能一次用完，必须把剩余的熟石膏料密封包装妥当，置放于干燥的地方，隔次使用间隔时间最好不要太长。

图 4-31　石膏粉

熟石膏粉本身具有的吸水性，制约了熟石膏的使用寿命，稍有潮湿,就会影响它的硬化凝固性能，一旦熟石膏粉受了潮，就无法再次使用。

用熟石膏制作模型具有以下优点：

（1）在不同的湿度、温度下，能保持模型尺寸的精确。

（2）安全性高。

（3）可塑性好，可应用于不规则及复杂形态的作品。

（4）成本低，经济实惠。

（5）使用方法简单。

（6）可复制性高。

（7）表面光洁。

（8）成形时间短。

4.2.2　石膏模型制作工艺

1. 石膏调制的方法和步骤

准备好一桶水，一个搅拌用的长勺或搅拌器，一个便于操作的容器，容器可以是杯、碗、瓢、盆，最好是塑料制成的。还需少量的废旧报纸，以备清扫之用。

在开始调制石膏浆的操作前，必须先在容器中放入清水，然后再用手抓起适量的熟石膏粉，一次一次均匀地把石膏粉撒布到水里。让石膏粉因自重下沉，直到撒入的石膏粉比水面略高。此时停止撒石膏粉的操作。

用搅拌用具或手向同一方向进行轻轻地搅打，搅拌应缓慢均匀，以减少空气溢入而在石膏浆中形成气泡。连续搅拌到石膏浆中完全没有块状，同时在搅动过成中感到有一定的阻力。石膏浆有了一定的黏稠度，此时石膏浆处于最佳浇注状态。

特别要强调的是：

（1）调制石膏浆时，切记不可直接往石膏粉上注水。在调制石膏的过程中，不能一次撒放太多的石膏粉，否则也会产生结块和部分凝固现象，难于搅拌均匀。

（2）石膏撒放后要静置片刻，等它溢出气泡。

（3）要向同一方向搅拌。

（4）调制的浆液开浇注时不能太稀也不能太稠，更不能开始固化。

图 4-32 所示为石膏的调制。

图 4-32　石膏的调制

2. 石膏模具的种类

石膏模具大致分为 3 种：即阴模、阳模、对合模，也可分为死模与活模。死模为一次性模，又叫破碎模，翻制一次性脱模后，就不要再用了，活模可以连续批量翻模产品。

（1）阴模。采用单开口的模具来浇注成品，这种模子具有内凹的空腔，称阴模。可浇注实心的制品，常用于制作单面浮雕或某些无倒角制品。阴模如图 4-33 所示。

（2）阳模。又称凸模，模具呈凸出形状，制品的凹入外壳，即与凸模接触的地方。图 4-34 所示为阳模。

图 4-33　阴模

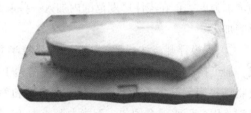

图 4-34　阳模

（3）对合模。是由阴模和阳模所组成的模具，当凹凸两半模件对合时，其中留有空腔部分，就是制品的厚度，在上方开一浇口。

（4）分模线的确定：石膏模型按制品的不同形状和要求，可采用一件模、两件模、三件模等。模子的数量越少越容易分模，一般多采用两件模。两件以上的分模的模具设计，关键是定出合理的"分模线"。如制作圆球体时，它的分模线，应是通过球心的圆。在确定分模线时，可不受"自然位置"的约束，尽量考虑两个模件能以相对（相反）方向抽脱开为前提，要找出原型上的倒角，并要避开倒角，找出便于脱模的位置，再定出分模线。

请注意这里所讲的分模线，并不都是水平面的平行线，也可以是其他的角度的平行线或空间曲线。但一般要求脱模时两相对方向与分模线垂直，在制模中为了避免倒角的阻碍，脱模的方向亦出现于分模线不相垂直的情况。

① 两件模的分模线的取得方法。在基准平面上，采用直角尺沿着原型边缘接触平行移动划线法，其操作是在直角尺的一边涂上颜色，然后沿工作台面平行地移动直角尺，利用直角尺已经着色的角边接触到模型外边的最高处，划出痕迹，这种迹线就是两件模件的分模线。某些模型制品的倒角较多，在两件模不能满足脱模要求时，可采用 3 件模以上来制作。

② 特种模型的分模线的确定。特殊类型的分模线处理，主要靠观察分析。一般从"原型"的前后、左右、上下 6 个方向，作为基础进行观察分析。特殊情况可用倾斜方向脱模。通过分析后，用铅笔在原型的最高点面划出分模线，再定出所需的模件块数。

3．石膏模型的成形方法

石膏模型成形有浇注成形、雕刻成形、模板成形（挤压成形）和旋转成形等方法。

（1）浇注成形。浇注成形是先用黏土由设计的产品形态制成阴模、阳模，或是对合模。凹凸两半模具对合时，中间的空腹部分浇注石膏体就是产品的石膏坯型，然后还要进行修整、打磨、喷漆等工作，如图 4-35 所示。

图 4-35　浇注成形

浇注成形法又可分为湿法浇注石膏坯型、干法浇注石膏坯型和平板浮雕浇注成形。

① 湿法浇注石膏坯型。在浇注石膏型体时，有意将水的比例适当增加一些，使水分稍多些而不容易很快干，可以获得一个稍湿润的型坯，便于用雕削塑造。为了使形体在塑造过程中保持一定湿度，可在每次工作结束后，用块湿布盖上以保持湿润，以利于下一次再继续塑造加工。

② 干法浇注石膏坯型。浇注、翻模方法与上述相同，只是水的比例少一些，凝固时间快。为增加强度，可在浇注厚度范围内加入一些麻绒或纤维丝，注意不要加放在加工表面部分，以免影响加工。

③ 平板浮雕浇注成形。属于一种浮雕半立体形象，采用黏土或油泥塑造，再用石膏浇注而成。加工技法是依照图样尺寸，用一块稍大于图形的垫板，表面要光滑，如用四块围板或围框，再将围块用钢筋夹子夹好，底部一半布满和熟了的粘泥，也可采用经过筛选的细砂做垫底造型肌理（用少量水混合均匀，不能太湿或太干，切记用砂垫底塑造形体时，不要涂刷脱模剂）。根据设计构思图形，在围板的形体塑造好后，经反复观察不再修改时，涂刷一层脱模剂，用肥皂溶液、虫胶漆或凡士林涂刷，应多涂几遍，直到表面出现光亮时为止。若边角地方余留所存脱模剂液，应用海绵或吸水纸吸干，以免影响形体轮廓。稍干后可以浇注翻模，称一定数量的石膏粉（可视图形大小而定）。准备适量比例的水，先将水倒入桶内，再将石膏粉慢慢倒入，徐徐搅拌，在较短时间内（2～5 min），清除硬块与砣状石膏粉，而后浇注在塑造形体上，内放入少量麻绒或纤维丝，以增加强度，一般约 15～30 mm，石膏表面有些发热，可进行脱模，稍加修饰后平板浮雕才算完成。

（2）雕刻成形。石膏雕刻成形方法主要步骤有：三视图→石膏切割大形→雕塑大形→深入塑造→干燥→磨光→喷漆→表面装饰完成。

石膏模型制作先画好产品三视图，把画好的三视图拷在石膏上，按三视图尺寸下料，可用雕塑刀切割出大形，用雕刻手法一步步地做，先找大形，高的地方可以用刮刀、雕塑刀工具刮，找出大面，然后进行深入制作，按照大的形体进行塑造。从每个局部形体的造型，找出形体上的凹凸变化、转折，使形体基本上达到设计要求，然后进一步精细加工修饰，当石膏表面干燥到一定程度时，有了一定的强度和硬度，可以进行压光。压光、磨光后，把表面的一些细线、凹槽、空洞刻划或挖出，达到设计要求。完全干燥后，最后进行修补表面划痕、填泥子，用细砂纸磨光，涂饰底漆，最后喷漆装饰。雕刻成形的石膏模型如图 4-36 所示。

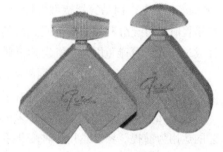

图 4-36　雕刻成形

雕刻造型的表现方法：

① 组合法。这是一个相加设计法。以两个或三个相同或不同的基本形组成一个整体造型，组合的数量不宜过多，过多就碎了，没有整体感。这种造型变化往往应用于配套的容器设计，变化应注意相互适合，并注意加工的便利性。

② 切割法。这是一种减法处理形式，对基本形加以局部切割，使形态产生面的变化，但应避免锐角、钝角。根据形体的需要决定。

③ 空缺法。在形体适当部位进行穿洞式的变化处理，空缺的部位大小可以变化，但实际形态力求单纯，不宜过大、过多或过于复杂。此种手法多用于大容量的包装容器。如饮料、食用油、清洁剂。实际上空缺式起到把柄的作用，使把柄与瓶身融为一个整体，起到较强的装饰作用。

④ 凹凸法。指造型局部的凹陷或突起的变化，凹凸的深度和厚度不能过大，凹凸部位可以有位置、大小、数量、弧度的变化，凹凸的侧面要做弧线或斜面的处理，便于加工制作。

⑤ 线饰法。对造型形体外部表面施加线型的变化，也可以作为造型变化的一个着眼点，外层线型可以有粗细、曲直、凹凸及数量、方向、部位的变化。但要注意整体的和谐。

⑥ 特异法。这是相应于较均齐、规则形态的一种富有个性的变化，比之于一般的凹凸、切割等变化，特异变化具有较大的变化幅度。例如对基本形的倾斜、弯曲、扭动或其他反均齐的造型变化。此类容器一般成本较高，因此多用于较高档的包装。在处理中，造型的盖、肩、身、底、边、角等都可以加以变化，但要注意工艺加工的可能性，并力求注意经济成本。根据这些变化应做具体处理，或庄重或活泼，或饱满或挺拔，要注意整体的和谐。

⑦ 肌理法。肌理是指由于材料的不同、组织和构造的不同而影响视觉感受。因此对形体表面加以肌理变化是造型设计的手段之一，不同的肌理变化可以使单纯的形体产生丰富的艺术效果。塑料、玻璃、金属、纸材都可以进行表面的肌理变化。如表面凹凸变化、抛光、腐蚀、喷砂、氧化等工艺加工，都对形体表面产生影响。在形式上，肌理效果的处理可以是整体的，也可以是不规则的。但一定要形成一种对比，或明暗对比，或粗糙与细腻的对比，充分显示材质美、加工工艺美，使造型具有特色。

⑧ 象形手法。也可称模拟法。包装容器大量的表现为几何形态，以便于使用和加工的便利性。但是在儿童用品、娱乐用品、节日用品、纪念性包装、旅游用品或特殊的礼品包装容器设计

中，也可采用模拟式的造型处理，从而取得趣味性、生动性的艺术效果。在处理上可以模拟自然形态，也可模拟人工形态，可以整体模拟，也可以局部模拟，在手法上可以是象形模拟，但切记具体与琐碎，力求简洁与概括，同时考虑加工工艺的可能性。

⑨ 雕饰法。此种表现手法主要在盖上大做文章。盖的变化更具有灵活性，可处理得简洁，可雕饰得豪华，显示出不同的风格和艺术效果，从而改变单调的瓶型，使造型整体生辉。

⑩ 镶嵌法。对盖形或形体某部位装饰的变化，如镶嵌上装饰性的饰物，使其更显高雅气派富有感染力。处理上要避免喧宾夺主，要注意与造型风格和谐一致。

⑪ 吊挂式。商品容器造型设计，应以属性、特点、使用环境为依据进行考虑。吊挂式的造型在销售时，可充分利用展示空间，将其悬挂，便于陈列展销。沐浴、洗发液等卫生用品的造型设计成吊挂式，可避免因环境潮湿而滑脱，使用非常方便。

⑫ 系列化。指对同类而不同品的内容物的容器造型，进行统一风格的形式变化，注意它们之间共同的要素联系。系列化造型有益于加深消费者对产品的印象，提高产品的知名度。

以上几种造型设计变化手法，采用哪种更为合适，要依据产品属性、特点、档次和材料、工艺的运用为前提。熟练运用各种变化手法，关键在于平时的严格训练，对不同产品的特性以及造型手法的深入理解。

（3）旋转成形。石膏毛坯固定在转轮上，制作者手持刀具或样板在刀架上进行石膏的切削加工，这种方法可用来制作各种形状的回转体模型。旋制成形，一般是在轴线垂直于水平的转轮或木工车床上进行制作，如图4-37所示。

图4-37　旋转成形

石膏旋转成形适用于圆形物体的加工成形，也是石膏注浆工艺制作模型的第一步。先在旋转机轮上注石膏坯胎，用油毡卷成桶装，放在转轮上，用细绳捆好，把石膏倒入装有水的容器内，保证石膏与水的比例在1.35:1左右，可以用木棍搅动石膏（注意：需要顺时针搅动），然后过滤浇注到围好的油毡内。大约半小时后，石膏有了一定的强度，取下油毡放在车轮上开始车制。

机轮旋转加工时，点击速度要保持匀速状态，开始按三视图的比例车制大型，根据平行的比例进行上下、左右或前后的伸缩加工。当大型车制成形后，要进行进一步加工。可选用同角度的刀头、模板进行加工。在加工的同时要随时用卡尺测量尺寸大小，下刀车的速度要循序渐进，不可以切削太深以免切削过度，尺寸得不到保证。当深入加工完成时，要轻轻走刀，用刀板在石膏表面上进行精细加工，使石膏表面有一定的光度，石膏光度越高，将来对注浆的产品越好，所以，坯胎的车制也是石膏注浆加工工艺的一个重要环节。当车制完成后，用刀尖切断加工好的模型下部，取下模型，完成加工制作。

（4）模板挤压成形法（模压法）。用模板挤压已制好的并有相当湿润的石膏毛坯初塑成形。模板挤压成形的用具，由滑动模板和模板架构成。滑动模板刮削部分的形状，即为所做模型断面的形状。滑动模板一般采用镀锌铁板制成，切削边（挤压边）要求锋利，应锉成约30°的斜边，模板架由木制的（或金属材料）平板和支撑板连接构成。滑行板紧贴在导边上滑行，导边一般用工作台的边缘，支撑板用来安装模板，连接板用来连接固定滑行板和支撑板，使两个板子成90°紧固在一起。

使用模板挤压石膏毛坯前，首先在毛坯上画好与导边的距离，挤压时用双手平稳地拉动整个模板，紧贴着导边慢慢地在石膏毛坯处逐层地刮削，切出所要的形状。拉动是按单一的方向进行，不可来回去刮动。每次刮削后，应迅速把模板上的石膏清除。为使切削边缘更加光滑，应常在毛坯上喷洒些水雾。

4．石膏模型的表面处理

在石膏模型形体加工完成后，可对石膏模型的表面进行着色处理，但着色必须等石膏模型完全干透后才能进行。色彩可根据不同的需要选用水粉颜色、油漆或自喷漆的颜色来进行搭配处理。在着色前，首先要对形体上的缺陷进行修补，然后用砂纸把表面打磨光滑。上色之前应先上 2～3 遍虫胶清漆为底漆，最后再喷涂上所需要的油漆或颜色。

上面详细的介绍了石膏的特性、石膏粉的调制方法和步骤、石膏模型的成形方法以及表面处理工艺。同时石膏模型制作过程由于涉及模型的浇注和翻制，因此对于形状较复杂的形体可以进行分模处理，这时，分模线的确定就显得尤为重要，分模线的选择直接决定着制作模型所需的时间和模型的美观程度。这个过程不是通过理论知识就能获得的，只有通过很多次的实践经验，才能学会模型制作中分模线选择的技能以及模型制作过程应该注意的地方。

4.2.3　石膏模型制作实例——烟灰缸

在模型成形技术中，石膏模型的成形技法是一种加工便捷而又经济实惠的成形技术。在成形过程中可根据不同的产品形态特点，选用不同的加工方法。下面就烟灰缸产品模型的制作过程做一些介绍。

分析：随着社会的进步和人民生活水平的提高，产品不再被看做是一种单纯的物质形态，人们对产品设计的要求往往更加注重不同程度的情感愉悦和精神享受。一件好的产品设计往往会让人们在使用过程中感受舒适愉悦，从而给日益紧张的现代生活带来更多的情趣。

根据这些要求我们在制作模型的过程中也应该注意这些问题，如何才能在产品模型中体现情趣化呢？这是我们应该考虑的问题。我认为产品模型的情趣化可以通过模型的形态、色彩、材质、功能来体现。

产品模型的形态作为传递产品信息的第一要素，主要通过产品模型的尺寸、形状、比例以及层次关系来对心理体验产生影响。情趣化产品模型的形态设计往往通过拟人、夸张、排列组合等手法将一些自然形态再现，从而给人呈现出新的心理感受。

色彩一经与具体的形相结合，便具有极强的感情色彩和表现特征，所以在情趣化产品模型的设计过程中，模型的表面涂饰显得尤为重要。材质也是表现产品模型视觉情趣语言不可或缺的要素。如果能合理地运用和安排材料的感觉物性，将会给产品模型造型带来新的特色。

综上所述，我们所设计的烟灰缸模型要想美观且有情趣化，就应该选择合适的形态，再加上适宜的色彩就可以达到目的。

1．刮板的制作

刮板的制作过程如图 4-38～图 4-45 所示。

图 4-38　打印原比例的产品精确尺寸图

图 4-39　分析产品模型制作思路

图 4-40　准备好用来制作石膏刮板的木板

图 4-41　在木板上刻线，确定刮板尺寸

图 4-42　根据刻线，将多余木板裁下

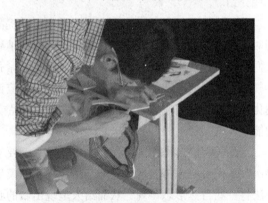

图 4-43　对其边缘进行精细修整与打磨

图 4-44　制作刮板固定平面

图 4-45　刮板制作完毕，准备模具翻制

2．石膏浆的活制

活制石膏浆，要先根据石膏模具的大小，取适量水，然后将石膏均匀地撒入水中，使石膏粉与水基本持平。双手不断揉搓，去除颗粒并搅拌均匀，之后继续搅拌石膏浆，期间再次不断均匀散入石膏粉，直到石膏稀薄合适。石膏浆的活制过程如图 4-46～图 4-50 所示。

图 4-46　取适量的水

图 4-47　将熟石膏均匀地撒入水中

图 4-48　石膏粉与水基本持平

图 4-49　去除颗粒并搅拌均匀

图 4-50　将石膏浆活制到合适的程度

3．石膏浆的浇注

将刮板固定于拉胚机上，然后将石膏浆慢慢倒入拉胚机中心（见图 4-51），在模型内部用稠一点的石膏，外部用稀石膏，然后慢慢刮出外形（见图 4-52）。之后，对其表面进行修复和清扫（见图 4-53），待石膏模型凝固后，将其表面打磨光滑（见图 4-54）。然后，将石膏表面涂上几层脱模剂（见图 4-55），再换用外层刮板，刮出石膏外形（石膏翻制石膏）（见图 4-56）。大约过 15～30 min，等石膏发热凝固后，即可准备脱模（见图 4-57），脱模即沿着地面轻轻敲开石膏体（见图 4-58），将石膏模型用泥子稍加修补使其平整（见图 4-59），再对石膏模型进行打磨修复（见图 4-60）。

图 4-51　将石膏浆慢慢倒入拉胚机中心

图 4-52　慢慢刮出外形

图 4-53　对表面进行修复和清扫

图 4-54　将石膏表面打磨光滑

图 4-55　将石膏表面涂上几层脱模剂

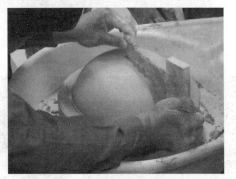

图 4-56　刮制出石膏外形

图 4-57　等石膏发热凝固后，准备脱模

图 4-58　沿着地面轻轻敲开石膏体

图 4-59　将石膏模型修补平整

图 4-60　对石膏模型进行打磨修复

这样，烟灰缸的琉璃部分就制作完成了，用同样的方法制作出烟灰缸的开片部分并进行打磨修整（见图 4-61）。

图 4-61　烟灰缸开片部分并进行打磨

4．开片部分突起制作

开片部分突起制作的流程如图 4-62～图 4-66 所示。

图 4-62　用油泥捏制突起的母模

图 4-63　用油泥母模翻制出石膏阴模

图 4-64　用石膏阴模翻制出 6 个突起模型

图 4-65　对 6 个突起进行修补和打磨

图 4-66　将 6 个突起粘结到开片部分

5. 模型整体调整

烟灰模型的组成部分如图 4-67 所示，将其粘合在一起，并打磨修整，得到所需要的烟灰缸模型，如图 4-68 所示。

这就是烟灰缸模型制作的全过程，主要也运用了石膏体旋转成形技法和用石膏翻制石膏的技法。

图 4-67 烟灰缸模型的组成部分　　　　　图 4-68 烟灰缸模型

4.3 泡沫塑料模型制作

与其他多数制作模型的材料相比，泡沫塑料最大的优点是易于切削，用来制作模型的速度快。不过由于泡沫塑料质地松，密度低，装饰后的表面美感远不如其他材料的那样好。

所有的泡沫塑料都是多孔的，这样的表面导致其整饰效果较差。但在设计的快速构思、方案推敲阶段，采用泡沫塑料来制作模型不失为好的选择。

4.3.1 泡沫塑料分类

泡沫塑料是由塑料颗粒利用物理方法加热发泡，或利用化学方法，使塑料膨胀发泡而成的塑料制品。

常用的泡沫塑料分为发泡 PS（聚苯乙烯）和发泡 PU（聚氨基甲酸酯）两种。

（1）发泡 PS（聚苯乙烯）

发泡 PS 又称保丽龙（见图 4-69），是将预膨胀的 PS 小颗粒球放在型腔内加热膨胀，融合挤压而成为热塑性塑料，多用来做产品的包装，以起到减震防潮的作用。

图 4-69 发泡 PS

用 PS 泡沫塑料来制作模型，由于质地的原因，其表面是由大小不同、凹凸不平的不透明颗粒构成，常见的材料形式多为板材。在制作具有复杂曲面造型、要求线性细致、断面较复杂的模型时，将会造成模型表面的不平整；对于表面平整光滑的小型曲面，使用此种材料不容易发挥出效果。但由于质地很轻、易刻划、成本又低廉，这种材料仍然被广泛地运用在较大型产品的模型制作中。

（2）膨胀聚苯乙烯（聚苯乙烯泡沫塑料）

这是一种价格最低、最容易找到的一种材料只适合制作粗糙的模型，如图 4-70 所示。

（3）挤压聚苯乙烯

挤压聚苯乙烯是一种比膨胀聚苯乙烯更紧凑均匀的泡沫塑料（见图 4-71）。有较精细的表面，其结构也更强一些。挤压聚苯乙烯是按防水隔热材料来开发的。

图 4-70　膨胀聚苯乙烯　　　　　　　　　图 4-71　挤塑聚苯乙烯泡沫板

在模型制作中应选择高密度的泡沫塑料（最少为 30 g/cm³）；密度低于此值的很容易像面包屑那样粉碎。

（4）聚氨酯

聚氨酯是一种热固性树脂，其化学性质与聚苯乙烯的性质有很大的差别。聚氨酯较适用于精密的制作，比较不易变形，但更易碎裂，弹性也稍差（见图 4-72）。

图 4-72　聚氨酯硬泡板

应该选用高密度的聚氨酯材料（大约为 40 g/cm³）。但这种材料在加工中，会产生刺激的尘屑，因此在使用这种材料制作模型时应戴上口罩。聚氨酯多空的表面，也应在上色前做前期处理。

（5）发泡 PU

选择泡沫塑料制作模型，最好选用一种结构细密、密度均匀的泡沫塑料。发泡 PU 塑料作为模型制作材料远远优于发泡 PS 材料。发泡 PU 有软质与硬质之分，利用树脂与发泡剂混合在容器中发生化学反应挤压而成的，为热固性材料。

软质发泡 PU 具有坚实发泡结构，密度从 0.02～0.80 g/cm³ 不等，具有良好的加工性、不变形、不收缩，质轻耐热（90℃～180℃以上），是理想的模型制作材料，也可作为隔热、隔音的建筑材料。发泡 PU 又称为刚性泡沫塑料。

采用聚甲基丙烯酸制成的发泡 PU 材料，是泡沫塑料中质量最好、也是最贵的材料，是专为航天航空工业进行结构模型制作而应用的材料。这种材料强硬、紧凑、均匀，有相当的强度，相对光滑的表面，加工容易，但价格非常昂贵。但对要求精度极高的模型制作来讲，仍是很好的选择（见图 4-73）。

图 4-73　发泡 PU 产品

4.3.2　泡沫塑料模型制作工具

1. 量具

（1）直尺选择金属尺，不要用木尺或塑料尺。

（2）角尺选用木工角尺或由金属制成的角尺，金属角尺重而耐用。

（3）卡钳。卡钳有内卡钳与外卡钳两种。内卡钳用于测量模型部件的内径、凹槽等；外卡钳用于测量模型部件的外径和外平行面等。

（4）曲线板。对于模型上的曲线、圆等可以使用曲线板来辅助放样与划线完成。

（5）圆规、分规。主要用于模型上的圆、圆弧、等分角度、测量两点间距离以及找正圆心、量取尺寸等。

图 4-74 所示为各种量具。

图 4-74　各种量具

2. 切割工具

切割工具主要用于切割出大体的模型形状，或形成初步的泡沫块体或泡沫片的外轮廓。不同的切割工具适用于对不同的泡沫塑料进行加工。

（1）热丝切割器利用电流流经电热丝产生的热量，局部地融化泡沫塑料，用于厚度为 12 mm 左右的聚苯乙烯和聚甲基丙烯酸酯泡沫材料的加工（见图 4-75）。特别运用于膨胀聚苯乙烯、挤压聚苯乙烯的泡沫材料。

电热丝的温度可以根据要切割的泡沫塑料类型和密度进行精确调节。如果电热丝温度过高过热，切割边会太宽，不均匀。如果温度太低，在切割时使用的推力会使切割线变形，甚至断掉。所以在使用前应先用一块废料试切割一下。

用热丝切割器只供切割粗略的形状，不要用于将要整饰的模型表面。

（2）手锯用于切割厚度在 12 mm 以上的聚甲基丙烯酸的泡沫材料。应选择具有薄刃利齿形细密的手锯。

（3）钢锯条特别适合切割坚硬的泡沫塑料(包括高密度的挤压聚苯乙烯)，由于多数种类的发泡塑料都相当容易切割，可使用锯条而不用弓形手锯，这样的锯条特别适合锯有一定弧形轮廓的形体。

（4）美工刀可用于切割厚度在 10 mm 以下的硬发泡塑料以及厚度相似的泡沫塑料（见图 4-76）。

（5）剪刀用于剪切各种软性的泡沫塑料、调整它们的边缘。应选择直刃的、手把不对称的剪刀。

图 4-75　热丝切割器

图 4-76　美工刀

3. 打磨和整饰工具

打磨块和打磨垫板。打磨块和打磨垫板是用来加工泡沫塑料的基本工具。泡沫塑料模型经过切割出大概的形状后，对模型边角和边缘的修整、开槽和在模型表面上进行细节雕刻都应该使用对应形状的打磨块来进行。打磨块由砂纸用双面胶粘贴在木块上制成。打磨块如图 4-77 所示，打磨板如图 4-78 所示。

图 4-77　打磨块

图 4-78　打磨板

对于泡沫塑料材料粗略形状的加工，应该使用 80～100 砂目的砂纸。而 200～400 目的细砂纸则适用于整饰表面，使整个模型更加均匀精细。砂纸要很小心平整的贴附在打磨棒或打磨块上，如有皱的话就会在打磨时破坏泡沫塑料的形体和表面。

打磨板的最小尺寸为 300 mm × 300 mm × 20 mm。用于对大面积的模型表面进行整饰，可在打磨时得到准确、平滑的平面。

打磨棒。打磨棒有 3 种规格。小规格的打磨棒，可用于打磨模型的小半径的和小平面的部分；中规格、大规格的打磨棒可以用来打磨和修整模型的大面积表面，也可用于对特定的平面做整饰处理。

4．粘接工具

（1）胶水几乎可以粘接所有的泡沫塑料(包括硬性的和软性的)，聚苯乙烯泡沫塑料需要使用专门配制的胶水，因为某些黏结剂会溶解腐蚀聚苯乙烯泡沫塑料。

（2）喷胶适用于所有的泡沫塑料，包括聚苯乙烯泡沫塑料。

（3）环氧树脂可用于软性的泡沫塑料。由于比泡沫塑料本身硬，因此使用时应该将图胶涂到靠近形体边缘的地方。

（4）白胶只适用于粘接厚度在 25 mm 以下的低密度聚苯乙烯泡沫塑料。由于是水基的胶体，需要空气来干燥，因此厚于 25 mm 的材料就难得到足够的干燥，所以要花很长的时间才能干透。

（5）双面胶带。对于小型模型，双面胶带也可以成为黏结剂的代替品，但对所要粘接的表面需要做精细的处理，彻底去掉表面的粉尘，才能进行粘接。

图 4-79 所示为各种粘接工具。

图 4-79　各种粘接工具

4.3.3　泡沫塑料模型制作工艺

泡沫塑料作为低密度的材料，它们相当容易进行操作，也很容易因手的失控而切削或打磨得过度。

所以与其他模型材料不同，对泡沫塑料的加工需要有明确的计划，并在被加工材料上绘制三视图。没有明确的计划就有可能因过度的切削和打磨而无法把握所需的加工形态。

在开始加工泡沫塑料模型之前，建议最好先画出模型的三视图，然后按照三视图进行放样和划线，在发泡塑料上描绘，而后再进行后续的切割。

在泡沫塑料材料上画出各面视图形状后，即可着手切割大型。切割的第一步是先从大块的泡沫塑料上切割出大型来（用锯子或热丝切割器），形成具有几何形状的棱柱体，形成模型的基本形体的尺寸与大体的形态有关系。

切割应避免徒手处理泡沫塑料。作为低密度的材料，它们相当容易碎裂，而且也极为容易因用力切削或打磨而破坏形态。

1. 使用热丝切割

使用热丝切割泡沫塑料，在切割前，最好先用其他废料试切割一下，体会压力、速度和温度因素对切割过程的影响。对电热丝的压力太大，会导致切割后材料的不规整。

切割速度与电热丝的温度成正比。如果速度太慢，温度过高，切割道会太宽而不均匀。应保持一致的切割速度，不要在切割过程中停顿，否则电热丝周围的材料会熔化而形成孔。

2. 使用板锯切割

在切割泡沫塑料时，由于其厚度不同，切割时一定要使锯保持垂直。要根据描画在泡沫块的切割形状进行切割，保持被切割体的厚度均匀一致。

泡沫塑料最适合制作非几何形状的模型。切割和打磨可凭感觉进行，虽然如此，在制作曲面和平面时，还应采取相应的方法。

（1）制作圆轮廓。如何能获得半径一致的圆是一个棘手的问题，解决的办法是借助模板的帮助。在制作时应避免直接用板锯切割弧形的形态，板锯是平的，不容易按精确划痕切割。切割弧形时，可以围绕圆的边缘先做一系列直线切割，先切出多边形，然后用相应尺寸的打磨棒来进行整圆。

（2）制作圆边角。首先对将要加工的材料进行修饰，使其尺寸精确，然后将两个相应的轮廓截面描绘到泡沫塑料的两个端面上，或是使用双面胶带将两个模板粘贴到泡沫块的两端。在两端的圆形上画切线，按切线切掉泡沫塑料。在没有切割到的部位再多画几条切线，按切线去掉多余的发泡塑料。然后用打磨棒来整圆边缘，不断地用对应的模板通过光线来检查形状的准确程度。表面可用 300 或 400 目的砂纸打光。

3. 打磨表面

如果打磨块在泡沫表面打磨时用力不均匀，就会产生凹凸不平的表面。要得到真正的平整的表面，可按以下 3 个原则进行。

（1）使用尽可能大的打磨棒或面积较大的打磨板。

（2）打磨的时候，在打磨棒通过材料中心时用力大一些，而在打磨到边缘时，用力轻一些。

（3）用尺子或角尺频繁测试表面的平整度。

4. 胶粘

在给泡沫塑料上胶时不能将胶液涂在靠近两块材料的边缘。胶液与物体边缘的距离应与所粘物体的大小成正比。如果把胶涂得太靠近材料的边缘，会因胶水干涸后比泡沫塑料坚硬，更耐砂纸打磨，而在以后对其表面进行打磨时，在两块材料之间会形成凸出的脊。出于同一个原因，也不要在以后需打磨的可见表面上涂胶。

5．表面喷涂处理

泡沫塑料模型完成后最好给整个模型简单地上个颜色，由于泡沫塑料多孔的材质特点，颜色最好采用喷涂的方法进行。

膨胀聚苯乙烯泡沫塑料只能涂饰水性的颜料，因为溶剂型的颜料溶化聚苯乙烯材料，同时应使用无光泽的水性颜料来进行整饰。先用300或400目的砂纸打磨整个需上色的表面，喷上一薄层的颜料，再打磨，但要非常轻，然后再喷涂。对模型的表面喷涂应进行多次而不要一次完成。

聚氨酯和聚甲基丙烯酸泡沫塑料可采用除乳剂颜料外的任意颜料上色，因乳剂颜料容易弄脏聚甲基丙烯酸。这两种泡沫塑料只需要打磨一次，然后根据需要进行多次喷涂。喷的涂层要薄，因为过于厚的涂层会因颜料填满表面细孔而产生不均匀的现象。

如果需要对模型不同的部分采用不同的颜色进行装饰，不要采取预留或遮盖的方法，而要先将这些部件进行分开喷涂，然后再组装到一起。

在泡沫塑料模型的制作过程中很关键的一步是将产品的视图画在泡沫塑料上，要画得正确，然后用工具切割就有依据了。由于泡沫塑料表面容易起凹坑，不光滑，所以一般不用作表现或功能性模型的制作。常用来制作草模，或者是用泡沫塑料制作大型模型，以便铺涂油泥等，还可节约材料。

4.4　塑料模型的制作

塑料模型是现代工业产品模型中的一类主要模型，是随新材料新工艺的发展应运而生的。塑料模型的制作工艺有别于其他材料的模型制作工艺，它为制作高质量高逼真的产品模型提供可行的工艺手段。

塑料模型一般用 ABS 材料或有机玻璃制作。塑料模型较适合对一些表面效果要求高的产品。一些家用电器和表现性模型大都采用塑料来制作，如电视机、录音机、微波炉等。图 4-80 所示为桌椅塑料模型，图 4-81 所示为汽车塑料插接模型。

用塑料加工成的模型具有表面效果好、强度高、保存时间长等特点。但塑料加工需要一定的工具和设备，且材料成本相对较高，加工也比较复杂。下面就塑料模型的加工做简要的介绍。

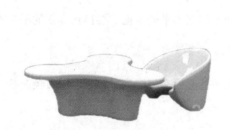

图 4-80　桌椅塑料模型

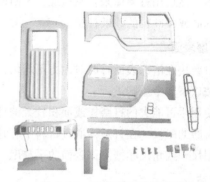

图 4-81　汽车塑料插接模型

4.4.1　塑料的性能

（1）质轻。塑料一般都比较轻，密度在 $1\sim1.5\ g/cm^3$，而泡沫塑料的密度只有 $0.01\sim0.5\ g/cm^3$。

（2）化学性能稳定。大部分塑料的耐化学腐蚀性一般都优于金属和木材，对一般酸碱及普通化学药品均有良好的抗腐蚀能力，且不易受日光中紫外线及气候变化的影响。

（3）具有良好的绝缘性。塑料中的高分子化合物内部没有自由电子和离子，所以一般塑料都具有优良的绝缘性。

（4）良好的成形加工性能。塑料质地细腻，具有适当的弹性及耐磨损性，容易加工，成形较快，可大批量生产。某些塑料品种还可进行机械加工、焊接及表面电镀处理等。塑料的强度不及金属材料高，硬塑料耐热性差，导热性不好，一般只能在 100℃ 以下长期使用；塑料的强度较低，刚性差，易变形，胀缩系数大。

4.4.2　塑料模型制作工具

1．量具

在模型制作过程中，用来测量模型材料尺寸、角度的工具称为量具。直尺是用来测量长度和划线时的导向工具，尺身材料有不锈钢、塑料与木材等。

对于模型上的曲线、圆等可使用曲线板、铁制划规来完成。卡钳有内卡钳与外卡钳两种。内卡钳用于测量模型工件的内径、凹槽等。外卡钳用于测量金属模型工件的外径和外平行面等。

2．划线工具

根据图样或实物的几何形状尺寸，在待加工模型表面上划出加工界线的工具称为划线工具。划线工具主要有划规、高度规、划线方箱等，划规主要用于划圆、划圆弧、等分角度、测量两点间距离以及找正圆心、量取尺寸等。常用划规有普通划规、弹簧划规和可调划规等。图 4-82 所示为高度规，图 4-83 所示为划线方箱。

图 4-82　高度规

图 4-83　划线方箱

3．切割工具

用金属刃口或锯齿分割模型材料或工件的加工方法称切割，完成切割加工的工具称为切割工具。常用的切割工具有多用刀、钩刀、手工锯等。

多用刀又称美工刀，刀片有多种规格。刀片可以伸缩，可在塑料板材上划线，也可以切割纸板、聚苯乙烯板等。刀柄材料为塑料或不锈钢。

钩刀主要用于切割厚度小于 10 mm 的有机玻璃板及其他塑料板，并可以在塑料板上做出条纹状肌理效果，也是一种美工工具。对不同形状的塑料板材切割时应选用不同的工具，如在 ABS 板上拉出直线形的沟槽就要采用钩刀来完成，切割板料的工具通常用美工刀或手工锯等。

4．锉削工具

用锉刀在模型工件表面上去除少量多余的塑料材料以使其表面光滑平整并达到所要求的加工

尺寸的加工方法称锉削，使其达到所要求的尺寸、完成锉削加工的工具称锉削工具。

钢锉是一种钳工工具，用高碳工具钢制成，并经淬火处理。锉刀有方形锉、三角形锉、圆形锉、半圆形锉、菱形锉、椭圆形锉等。锉刀的锉齿形式有单齿纹和双齿纹两种。按齿纹粗细程度分为粗齿、中齿、细齿3种。图4-84所示为各种锉削工具。

5. 加热工具

可产生热能并用于对材料进行加工的工具称为加热工具。热风枪、电炉、电烤箱等是塑料成形加工工艺中最常用到的加热工具，用于弯曲板材、板材和管材，以及压模工艺时使用。

热风枪适用于塑料部件局部加热用。机身内装有电机和风轮，出风管内装有电热丝，手柄内装有手撤式多挡电源开关，如图4-85所示。

图 4-84　各种锉削工具

图 4-85　热风枪

电炉由炉座、炉盘，电热丝组成。炉盘由耐火材料制成，有方形盘与图形盘，盘内装有电热丝，常用功率以 1 000～2 000 W 为宜，适用于小面积热塑性塑料的热塑加工。

6. 钻孔工具

在材料或工件上加工钻孔的工具称为钻孔工具。

手摇钻钻身由铸铁制成，并装有木质或塑料助手柄。摇动手柄使大、小锥齿轮带动钻轴上的钻夹头旋转。手摇钻适用于在加工材料上钻 1～8 mm 范围内的孔。

电动台钻钻身由铸铁制成，转速高同时可多级变速，适用于在金属、木材、塑料材料上钻 1～10 mm 范围内的孔。图4-86所示为手摇钻和台钻。

图 4-86　手摇电钻和台钻

7．装卡工具

能夹紧固定材料和工件以便于进行加工的工具称为装卡工具。

台钳由固定钳身、活动钳身、砧座、底盘等铸铁部件和钳口、丝杠、手柄等碳钢件组合而成（见图 4-87）。台钳必须牢固地紧固在钳台上，夹持塑料材料及工件时要使用钳口衬板。台钳的规格以钳口宽度来表示，有 100 mm、150 mm、200 mm 等。

8．磨削工具

磨削工具有电动砂轮机（见图 4-88），它用于对模型工件的局部进行磨削，使其达到所要求的尺寸、形状，是模型制作加工中常用的工具。

图 4-87　台钳　　　　　　　　　　图 4-88　电动砂轮机

9．黏结剂

塑料材料所用的黏结剂分成两类：针对不同成分的材料专用的黏结剂；对各种塑料都能使用的通用胶。

（1）专用树脂：

① 聚氯乙烯胶。通常用于连接、密封聚氯乙烯类管和槽。

② 聚丙烯和丙烯腈—丁二烯—苯乙烯胶。对透明醋酸纤维在粘接时要特别小心，防止干燥时留下可见的胶斑。

③ 内酮。只能用于透明醋酸纤维，不能用于胶粘其他材料。

④ 透明聚酯胶带。可对透明醋酸纤维进行胶接，干燥后几乎看不见有粘结的痕迹。

（2）通用胶——环氧树脂。可以作为各种类型塑料的粘接。由于环氧树脂干燥后是可见的，不适合把它用于透明的塑料。环氧树脂还可以用于塑料与金属、塑料与木材和塑料与纸张的连接。图 4-89 所示为环氧树脂。

（3）接触接合剂——三氯甲烷（氯仿）。有很强的挥发性，氯仿通过腐蚀 ABS、有机玻璃板的表面，以达到把两块材料粘接在一起的作用。不宜用作透明塑料板材的粘结，使用时可用注射器进行局部的施用。图 4-90 所示为三氯甲烷。

图 4-89　环氧树脂

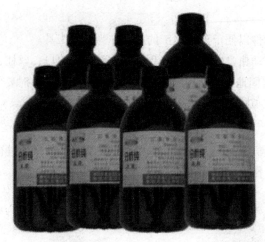

图 4-90　三氯甲烷

4.4.3　塑料模型制作工艺

1. 开料

塑料模型制作的第一步是开料。在开料前必须按照制作对象的形态，通过分解，绘制出每个立体部分的展开图、平面图，并对每个平面图、展开图标注详细的尺寸。依照平面图、展开图在材料板上画出形体轮廓。

当切割的材料用于制作曲面时，可根据平面图、展开图，按实际尺寸适当地放出加工余量，以便于以后的压模、精加工之用。

在切割线性平面时，应按照要求的尺寸用刀具来准确划线，与其他材料不同，那种事事均留加工余量的做法在塑料模型制作中是不可取的。

对于曲线的尺寸，要采用金属的划线工具来完成准确划线的工作。划线时，刀刃必须垂直于加工材料面，另一只手按紧钢尺，用力划线；将板上划好的线，对齐操作台的边缘，一只手按紧板，另一只手沿着操作台边缘的另一方向用力往下按压，这时板材会沿着刀刃划线处准确地断开。这一步被称为开料。

对于曲线的开料，则不能直接用手来完成，而要借助于线据来沿曲线走势锯开，以取得必要的、准确的形体。

值得特别强调的是：

（1）线必须准确，开料必须到位，不留加工余量。

（2）在选择塑料板材的厚度时，应根据模型的大小、压膜时的行程、压膜时曲面的凹凸程度、所需要的强度以及加工时的难易程度来决定。在满足需要的前提下，一般尽量采用厚度比较薄的板材。

2. 弯曲材料

弯曲塑料一般都需要加热。塑料加温方法要根据材料的耐温特性而定。有机玻璃加温在 80℃～100℃，可选用热水浸烫，红外线灯照射，或高温电吹风机加热等方法。PVC 板加温在 100℃～120℃，可选用干燥箱或调温烘烤箱的加热方法。重要的是要慢慢地、非常小心地进行，不要扭伤了材料，要等到材料加热到足够温度时才进行操作。

1）弯曲板材

简单的弯曲就是只进行单一的、一次性的弯曲。例如做一个两个面相交形成的角，如果板材厚度小于 2 mm，可用泡沫芯做成模具按相应的角度弯曲；对于较厚的塑料板材，可用中密度纤维板或坚硬的木材做出凸模具，不需要凹模具。弯曲时，让板材比所需的尺寸稍大一些。弯曲好板材后，切割板材，以达到最好的弯曲效果。

在电吹风的嘴上加一宽口的喷嘴，用两块胶合板遮蔽塑料板材上不需要弯曲的部位，在两块木板间的窄槽处集中加热，只加热要弯曲的部位。

采用中密度纤维板制作成凸模和凹模，模具之间应该预留出要弯曲的余量。这个余量就是在凸模和凹模之间要放置塑料板材的量，也就是要留有相当于要弯曲的塑料板材厚度的多余的空间，这样弯曲的板材应该比所需要的尺寸稍大些，在切割板材时应留有裁剪的余量，才能在弯曲后，通过切割得到所需要尺寸的材料。

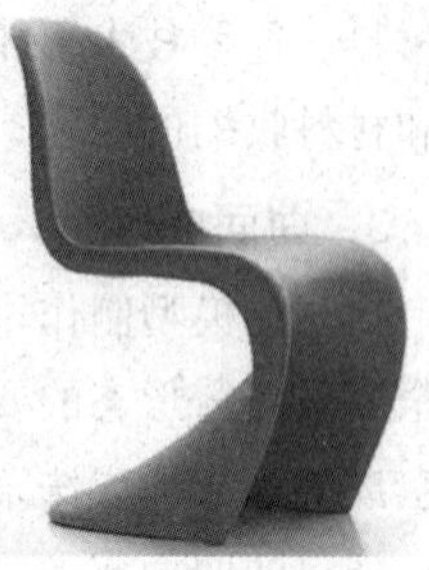

用电吹风均匀地、来回地在要弯曲的部位前后移动，使材料均匀地升温。保持电吹风与塑料板材间有足够的距离，以避免发生过热现象。在板材受热软化后，将板材放在模具中，用 C 型夹或螺钉夹紧。这种方法主要用于成形复合曲线、复合曲面的弯曲。

图 4-91 所示为热塑弯曲椅子。

图 4-91　热塑弯曲椅子

弯曲板材时要使用一定的模具配合成形。首先确定所需板材的长度，以确定绘制或勾画出一定尺寸和半径的弯曲形状。切割板材要留有余量，必须比所需的成形后用料长一些，以便按需要截取弯曲长度，同时长一点的材料有利于弯曲作业。

可用泡沫芯、纸板或胶合板来制作模型的内模和外模，并可以采用现在的塑料板材，利用板材可以完美地产生新的曲线形状。

在板材上标注出所要弯曲曲线起始的两端，用胶带遮蔽保护不想弯曲的部分。胶带可保护板材的直线部分不易受热，也可作为板材弯曲位置的辅助参照。

用电吹风加热要弯曲的部分时，温度不要过热，也不要让热风枪离塑料表面太近。在加热时应不断旋转板材。

如果板材受热均匀，长度也足够的话，塑料板材能保持足够长的时间、温度，来进行小心细致地、准确的完成弯曲操作，是板材弯曲成为所要的形状。

2）弯曲管材

选择管材时应该注意壁厚。弯曲管材的过程类似于弯曲板材的过程，不过模具必须用具有一定强度的胶合板或坚硬的木材做成，成形用具中必须使用多块模板来制成夹板。将放在桌面的模板与模具的内模和外模靠在一起，以防止管材在弯曲的区域变形。模具的内模和外模厚度必须与管材的直径相同。不过，加热软化的塑料管材会克服应力产生新的形状，为使各段形态之间的过渡光滑。将管材堆向模具时需要盖板来帮助完成这种光滑过渡的成形。

按照弯曲板材的过程中所描述的方法进行切割、标记和遮蔽管料。用热风枪加热，在加热过程中要不断选择管料。

将模具放在操作台上，在模具上进行弯曲，给模具加上盖板。在管料完全冷却后，按所需的尺寸进行切割。

弯曲管还有另一种方法，称为压制法。压制法弯曲管材时需要对上述过程做些改动，以模仿弯曲的走势来压制成弯曲的管状形态，这是对管料做小直径弯曲的一项常用技术，使用这种方法的特点是，在曲线的内侧会产生具有下凹的形状。这个下凹的形状通常称为卷曲。首先要做一个带圆弧的木质销子，其作用就像是冲头。模具需要弯曲的部分类似于弯曲管材中所用的那种方法，但是盖板和底板必须改成有导入冲头的导轨，然后就可以形成一定的凹度，或称卷曲。这就是压制弯曲法的特点。

像平常那样加热管材，将管材放到模具中，加紧盖板，然后冲顶到销子处。销子会迫使在弯曲过程中产生多余材料进入新形成的下凹形状中。

"弯曲"一词不能描述弯曲过程中所有的潜在的可能性。弯曲也是有限的。弯曲不可能过度拉伸材料。这种技术不能用于做弯曲面与面，使之处于异形情形下的曲面，因为其中涉及材料的拉伸和材料收缩的问题，一些复杂的弯曲工艺将用到真空成形等更为复杂的技术。

3．曲面成形

在塑料模型制作过程中由于受到材料和工艺的限制，只采用简单的弯曲、粘接工艺是不可能完全满足所需形态的要求，但可以利用塑料在高温时具有高弹性的属性，通过热压、弯曲、拉伸、真空成形等成形方法来达到要求。

塑料的曲面成形一般需要一定的工具和设备。相比单曲面成形，双曲面成形就比较复杂。对于大中型的模型，一般需借助真空吸塑机来完成（见图4-92）。真空吸塑的步骤是：

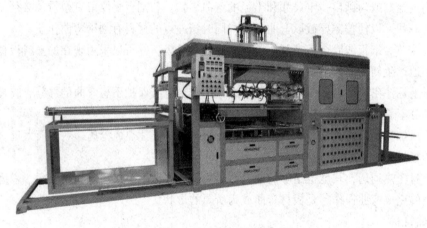

图4-92　真空吸塑机

（1）按模型的形体特征做成木模，然后将木模放入真空吸塑机内，并在木模上覆盖一张1～2mm厚的ABS塑料板。

（2）通过加热使塑料板软化，然后放入真空机内利用真空后的压力，使塑料板均匀地吸附在木模表面。

（3）数分钟后取出模型，将木模剥离，就可获得一个具有中空的塑料模型部件。

利用真空吸塑机加工像汽车、船艇、吸尘器、灯罩等带有曲面的壳体的模型十分方便，能准确地达到理想的形态要求。

一般的手工模型制作中大多数是单曲面成形，就需要自制模具（阳模）和压模板（阴模）来用手工完成。在具体制作模型前，应先用石膏或中密度纤维板做好相应的模具和压模板。在制作模具和压模板时，必须考虑材料的厚度，把材料的厚度作为模具缩放、压模板制作的尺寸依据。

模具、压模板制作好了之后，将模具置于平整的操作台上，将 ABS 板在电烤箱内或电炉上加热，使之受热变软，放在模具上，双手把模板用力往下压。待稍微冷却后取出模具（如果完全冷却，由于材料的收缩将不易取模）。操作时要注意安全，带上手套进行操作。

4．修整裁切好的材料

对于裁切不准确的塑料模板，对于需要修饰的形态、需要倒角的边角、尺寸尚未达到要求精度的部位以及经加热后压制成形的曲面都需要进行轮廓修整。

各个部件裁切完成之后，将需要操作的部件夹在台钳上修整。先用粗锉刀细心地进行修整，当加工的尺寸接近要求时，就改用什锦锉进行精锉。模型的各部分尺寸经修整准确后，就可以进行粘接。

5．粘接

在塑料模型的制作过程中，模型的大部分部件是靠塑料板彼此之间的粘接而成。在粘接过程中，应把塑料部件固定好，然后用细毛笔或注射器将氯仿注入连接处，量不能过多，稍等片刻后，部件即可粘牢。

在黏结剂挥发、固化的过程中，应使用相应的夹子夹紧胶粘的部位。注意粘接边、线面时，部件一定要用手或夹具加紧，以避免干固后出现翘曲现象。

粘接塑料就像粘接金属一样，粘接时所有粘接部件都要非常干净，不应有油脂或脏污的痕迹。若部件的粘接处要承受很大的外力，就要为粘接处提供更多的结构支撑。

6．模型的打磨

在对塑料模型进行表面整饰前，应先用细砂纸将模型打磨一遍，去掉模型表面的油脂或脏物，然后用泥子填补粘接的缝隙和缺陷处，再用细砂纸对模型进行打磨。这一过程有时要反复多次，使模型的整体可视表面光滑平整。然后才能进行喷漆上色。

7．产品模型的整饰和上色

塑料本身就是很好的整饰材料（但这是针对塑料材料的质地而言的）。除了红、蓝、灰、黑和白之外的颜色，难于找到其他颜色的塑料，除非所选用的材料、颜色、质地与最终模型表面色彩一致，对于所制作的塑料模型，就需要进行表面整饰上色才能得到所需的颜色。

在上色之前要用肥皂和清水对要整饰的部件除去油脂，也可以使用清洗剂清洗。用很细的砂纸（400～600 目）打磨所有的表面，然后彻底去除模型表面的尘屑。

在上色之前，应在废料上对颜料进行试涂抹，因为有些颜料会腐蚀塑料的表面。

塑料模型的上色原则是薄而多遍。在上色过程中，如果发现模型的表面有加工过程中留下的缺陷，就应该进行修补和重新打磨处理。

当一件模型中不同部分需要用不同的色彩进行表达时，最好的方法是在模型制作的过程中，将模型不同的部分分开制作，分别上色，然后再进行组装。

上面就塑料的性能、塑料模型制作时所使用的工具进行了简单的介绍，重点介绍了塑料模型制作的工艺过程，开料、弯曲材料、曲面成形、修整与粘接等过程都是我们学习的重点。

4.4.4 塑料模型制作实例——订书机

要求：制作 1:1 的订书机模型。

分析：欧姆打钉器是基于现有订书机的形状而衍生的创新设计，欧姆打钉器与弧形欧姆钉配套使用，对现有的装订方式进行优化，并拓宽书钉的使用范围。

该设计技术原理简单，只是对原有的订书机及订书钉简单的改进，将"一"字形订书钉变成"Ω"弧形欧姆钉，打钉器的压钉口也改成与之相符合的形状；该款打钉器用途广泛，既可实现文件资料的悬挂、串接、整理，又能取代小型塑料挂钩，实用环保。

在模型制作阶段，进行了产品模型的三维建模以及渲染（见图 4-93 和图 4-94）。得到了订书机模型的产品图样，而模型的制作则是根据这些图样的尺寸和形状而进行的。图 4-95～图 4-97 所示为局部效果图，图 4-98 所示为订书机结构爆炸图。

图 4-93 订书机三维模型

图 4-94 渲染之后的效果图

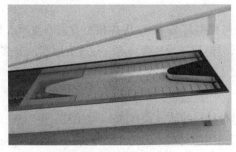
图 4-95 局部效果图 1

图 4-96 局部效果图 2

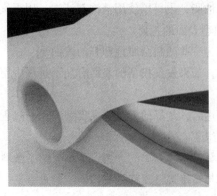
图 4-97 局部效果图 3

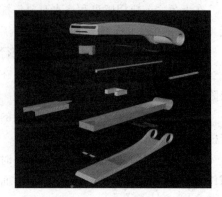
图 4-98 订书机结构爆炸图

在设计阶段我们选择的是金属材料来加工订书机的，金属材料表面光滑，表现效果会更加，金属材料的硬度大，在订书机的验证阶段会有很大的冲击，而金属材料正好可以抗击这么大的冲击。但是金属材料的订书机制作起来会很困难，首先从外壳方面说，如果选择金属材料，订书机的外壳就必须由冲压机冲压成形，再经过细致地磨削加工才能形成。所以这就相应地增加了制作难度和制作成本，所以我们想选择其他的材料来代替金属材料，以易于实现的加工工艺和低廉的加工成本为依据进行材料选择。我们想到了亚克力或者 Pvc 的外壳，而 Pvc 的外壳硬度不够大。

我们选择亚克力为作为主要材料来制作的订书机的验证模型，之所以选择亚克力为主要材料，是因为亚克力的物理化学性质比较符合订书机结构要求，亚克力材如图 4-99 所示。下面就亚克力材料的性能和雕刻亚克力时的注意事项进行介绍。

图 4-99　亚克力材料

1. 亚克力的物理化学性能

（1）力学性能。亚克力具有良好的综合力学性能，在通用塑料中居前列，拉伸、弯曲、压缩等强度均高于聚烯烃，也高于聚苯乙烯、聚氯乙烯等，冲击韧性较差，但也稍优于聚苯乙烯。

一般而言，亚克力的拉伸强度可达到 50～77 MPa，弯曲强度可达到 90～130 MPa，这些性能数据的上限已达到甚至超过某些工程塑料。其断裂伸长率仅 2%～3%，故力学性能特征基本上属于硬而脆的塑料，且具有缺口敏感性，在应力下易开裂。40℃是一个二级转变温度，相当于侧甲基开始运动的温度，超过 40℃，该材料的韧性、延展性有所改善。亚克力表面硬度低，容易擦伤。亚克力的强度与应力作用时间有关，随作用时间增加，强度下降。

（2）耐化学试剂及耐溶剂性。亚克力可耐较稀的无机酸，但浓的无机酸可使它侵蚀；可耐碱类，但温热的氢氧化钠、氢氧化钾可使它浸蚀；可耐盐类和油脂类，耐脂肪烃类，不溶于水、甲醇、甘油等，但可吸收醇类溶胀，并产生应力开裂；不耐酮类、氯代烃和芳烃。

（3）燃烧性。亚克力很容易燃烧，有限氧指数仅 17.3。

分析亚克力的物理化学性质后我们最终选择了亚克力作为制作订书机的材料，亚克力的原理结构、外壳在成本和加工难度上都得到了极大的改善。

因此，使用亚克力做内部结构和外壳，价格便宜、容易加工。大的结构部分可使用学校的雕刻机完成，小的结构部分则可以手工打磨完成，这样最大限度的节约了成本。

2. 雕刻亚克力材料时的注意事项

亚克力雕刻是我们制作订书机模型过程中必不可少的一道工序，就是用雕刻机进行雕刻使材料成形（雕刻机见图 4-100），按照事先的分解结构加工。但是一般亚克力雕刻过程中会产生毛边和亚克力屑，而且物件还不具有水晶的光感和美感。为了达到非常光滑的状态，就需要进行后期加工，用"抛光"得到光滑表面或镜面光泽。所以，抛光一般来说也是不可或缺的。

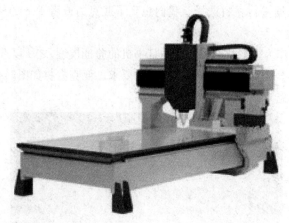

图 4-100　雕刻机

抛光之前需要先清洁一下亚克力物件，因为如果雕刻时刀不快，会产生毛边和亚克力屑，所以先要用铁尺或者美工刀处理掉，然后再抛光。如果刀快，走出来的光滑，就可以直接抛光。

现在大都用火焰抛光机，不过效果没传统的好，如果要求不高可以用。而比较传统的做法，就是掩盖原装面后直接用光油喷射，当然前提是边和面要整理光滑。

火焰抛光时注意火量，不可过小也不可过大，以那种淡蓝色火苗为宜。抛的时候根据火大小和板厚度控制走的速度，如果有一个地方没抛到，切不可马上回来再抛，因为这时候抛到过的地方温度很高。这时应该先抛其他边上没抛到的地方，等温度降下来之后再回来抛。

总的来说，如果要想做到非常光滑的效果，就要用传统的机械抛光机，然后涂抹腊。

制作订书机模型的步骤如下：

（1）把订书机的结构分成好几块，用薄的亚克力板进行雕刻，然后进行拼接，图 4-101～图 4-103 所示为不同厚度的亚克力所要雕刻的形状。然后确定出欧姆钉的安放位置，如图 4-104 所示，图 4-105 所示为雕刻出的各个部分，将其排列好，如图 4-106 所示。

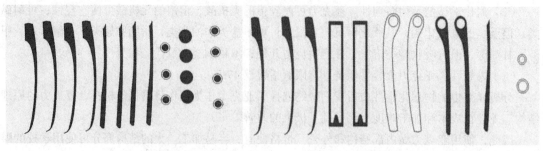

图 4-101　7 mm 亚克力要雕刻的形状　　　　图 4-102　5 mm 亚克力要雕刻的形状

图 4-103　3 mm 亚克力要雕刻的形状

图 4-104　确定出欧姆钉的安放位置

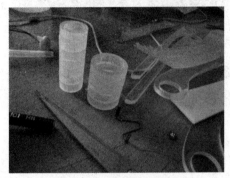

图 4-105　雕刻出的各个部分

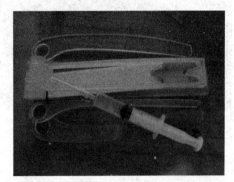

图 4-106　把雕刻好的各个分块进行排列

（2）把雕刻好的各个分块进行排列，固定好尺寸，然后准备好胶水。用速凝胶粘起来就是订书机的外壳和内部结构的模型了，如图 4-107 和图 4-108 所示。

图 4-107　用胶水粘接各个部分

图 4-108　粘接后的订书机模型

（3）表面修整打磨，用砂纸将粘接好的订书机模型打磨平整光滑，如图 4-109 所示，打磨完后用不同颜色的硝基漆进行表面涂饰。喷涂的原则是薄而多变，且每次喷涂需干燥后才能进行下一遍的喷涂。喷漆成形的效果如图 4-110 所示。

图 4-109　打磨订书机表面

图 4-110　给订书机喷漆，成形

4.5　纸模型制作

在现实生活中，人们每天都能接触到各种各样的纸，如书本、报刊杂志等。在设计领域中设计师经常需要在平面的纸上表达和记录一些思想，如设计草图和效果图。同时经常需要在空间领域里通过对纸的再加工组合生成一些新的事物。纸因性质稳定，易于获得，易于通过剪切、折叠、粘接、插接成形，加工手段简便，能够产生不同的表面肌理效果，是设计常用的表现材料。图 4-111所示为制作好的纸模型。

图 4-111　纸模型

4.5.1　纸模型制作材料与工具

1．材料

（1）铜版纸。铜版纸又称涂布印刷纸，是一种高级美术印刷纸。铜版纸质地均匀，伸缩性小，强度高，抗水性好，光滑平整。铜版纸怕受潮，纸面受潮会变形、脱粉、霉变。铜板纸如图 4-112 所示。

（2）白卡纸。白卡纸属于纸材中的二层纸，具有一定厚度，白度高，质地柔和，具有较好的弯曲性能，主要用于印刷名片、封面、请柬、证书等。白卡纸较铜版纸而言表面光洁度较低，强度相似，有一定的抗水性能，是制作各种中小型纸结构模型的最好材料。

（3）白纸板。白纸板又称单面白纸板，用于食品、百货、药品、化妆品文具等商品的销售包装。白纸板是一种单面光滑的纸板，正面是白色，反面是灰色或纸浆原色。较厚，适用于大多数纸类模型。

（4）箱纸板。即纸板与瓦楞纸芯粘合后制成的瓦楞纸板，用作家电等大型产品的外包装。箱纸板具有较高抗压强度，坚韧耐破，抗撕裂，不易弯曲，适用于大型结构粗坯模型。

（5）泡沫板。泡沫板是一种多用途材料，以聚苯乙烯或聚氨酯泡沫薄板双面覆盖上白色或有色纸板制成。泡沫板尤其适合快速制作各种中等或大型模型，质地松软，易切、易操作。图 4-113 所示为泡沫板。

图 4-112　铜板纸　　　　　　　　　　　图 4-113　泡沫板

（6）吹塑纸板。吹塑纸板是一种经特殊工艺制成的纸板，有一定的强度和耐折度，伸缩变形小，有多种厚度、色彩，质轻，松软，抗压强度稍差。

2. 工具

纸质材料与木材、金属等比较起来质地轻、软、薄，易于成形。对于纸质材料的加工常用的工具可以分为 3 大类，分别是度量工具、切割工具和粘接工具。

（1）度量工具。主要有直尺、三角尺曲线尺。

① 直尺和三角尺。在模型制作中应根据需要选择适宜测量范围的直尺和三角尺作为度量工具。金属类的尺子在度量和对材料的切割中是首选，它们具有一定重量，能够有效避免在切割过程中因用力不当而使切割材料产生偏移。

② 曲线尺。曲线尺用于测量和绘制曲线线条。曲线尺有多种形式，如曲线板、圆规、椭圆板、蛇尺等。

（2）切割工具。主要有美工刀、剪刀、手术刀、裁圆刀、冲孔器。

① 美工刀。美工刀适于切割各类不同厚度的纸材，是模型制作中使用最频繁的工具，使用简便。刀具轻便，刀片分段，刀口锋利，无须经常更换刀片。刀是由塑料制成，主要用于切割一些较长的直线，适合进行大的形体的加工。

② 剪刀。一些曲线造型可以通过剪刀剪切形成。最好不要用剪刀去剪裁厚纸板或其他坚硬的板材，因为所剪材料的性质，剪下的材料边缘不整齐，并且会使剪刀刃很快变钝。

③ 手术刀。模型制作中用到的手术刀主要是尖头手术刀。尖头手术刀刀尖细小，转动灵活，适宜细部的加工。手术刀不是模型制作专用工具，其刀片较长，在切削较厚材料用力过大时，易使刀片发生弯曲，甚至断裂，造成事故隐患。

④ 裁圆刀。用手术刀或剪刀剪裁出的圆形轮廓不够光滑准确，以致影响模型的制作质量。裁圆刀通过针脚可固定圆心，通过悬臂可固定圆的半径，用于切割 18～170 mm 各种直径大小的圆。

⑤ 冲孔器。冲孔器是一种快速精确的打孔工具，有不同规格的冲孔器，适用于直径 3～14 mm 的圆孔。冲孔器必须保持非常锋利，并且要相当的冲压力才能冲透孔，否则冲出的孔边缘不均匀。

图 4-114 所示为各种切割工具。

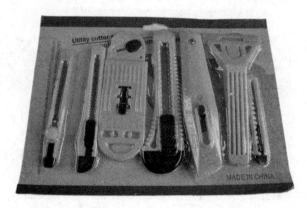

图 4-114　美工刀组合

（3）粘接工具。主要有胶水、胶棒、各种类型的胶带及白乳胶。

① 胶水。胶水是黏稠的液态黏结剂，使用时均匀地涂在黏结面上，避免涂抹过多外溢，污染纸面，影响模型效果。图 4-115 所示为各种胶水。

② 胶棒。胶棒是固体胶水，含有一定水分，加盖密封，使用方便，清洁卫生。

③ 各种类型的胶带。透明胶带，时间长会变质发黄脱落，多用于临时性模型。透明胶带具有光泽性，多用于有光泽的纸面，有宽窄不同的多种型号；双面胶带，两面都有胶质，适宜内壁粘接，不暴露粘接面，有不同尺寸的宽度，使用时根据粘接面的宽窄进行选择。

④ 白乳胶。白乳胶是一种多用途的、黏结性能良好的材料，能适用于多种纸的黏结，使用后干净、透明、无光泽。白乳胶如图 4-116 所示。

图 4-115　各种胶水

图 4-116　白乳胶

4.5.2　纸模型制作工艺

1．纸模型制作过程与步骤

（1）绘制草图、三视图与展开图。图样的绘制在模型制作过程中起着重要的辅助作用，绘制内容根据制作模型的需要而定，可以是形体表面图、各面视图、局部细节及展开图等。

模型的细节、尺寸等确定之后，精确描绘到制作卡纸上，为下一步的剪切做好准备。标记线应绘制在卡纸背面，避免在模型表面留下污痕。

（2）剪切。在剪切纸的过程中要特别小心谨慎，不要划伤纸的表面。根据选用的纸材和要加工的形态来选择合适的刀具，保证纸的切口准确、干净、利落。

（3）刻划。刻划的目的是减小弯折处材料的厚度。刻划应在纸的背面进行。用针尖沿需弯折处进行轻轻地刻划，注意不要将纸面划穿，以免弯折后发生断裂。

（4）弯折。对刻划后的纸的下一步操作就是弯折。

（5）粘贴。将模型的各个展开面粘接成形，对模型的各个成形的部件组装成形，完成模型形体的制作。

（6）表面处理。选择合适的纸面饰材料，对模型表面的质感进行加工，形成更加真实的视觉效果。产品表面的文字与图形符号对整体效果将起到点睛作用。字体、图形符号的位置、形态、色彩都应经过仔细斟酌和推敲，现市面上有很多转印纸、刮字帖，使用起来非常方便，可根据需要进行选择。

2．纸模型基本生成方法与技巧

（1）变形加工。纸张经过折叠、切割、粘接、插接等步骤，能够改变自身的形态和强度等特性。变形加工是利用纸张的可塑性能，使平面的纸具有立体效果的主要加工方法，纸的变形加工大致包括以下几种：

① 折叠。折叠是利用纸的可塑性进行变形的一种最常见、最主要的加工方法。一张平面的纸本身没有立体感，如果从中对折一下，则产生了一条轴，出现了两个平面，形成了立体形态，轴起到了支撑和加强的作用。

② 弯曲。弯曲是利用纸的可塑性和弹性，表现纸曲面美的一种加工方法。弯曲表现出来的造型形态转折细腻，明暗关系丰富柔和。

单曲面组成的形体：此类物体主要由整张纸围合而成，形成曲面结构，增加纵向支撑，增加纸张的承重能力。在制作此类形体时对平面展开图精度要求较高，展开图上要预留出粘接面。

开放的曲面与平面相连接而形成的物体：开放曲面的曲率由与之相连接的平面的弧边的曲率决定，此类形体制作时首先要确定平面的具体尺寸，粘接面一般设置在曲面上，粘接面应为分段开口形式的。

球面组成的形体：我们都有剥橘子的经历，球面的橘子皮展开后，形成一系列向心分布的枣核形平面。也就是说，如果将一张平面的纸，精心计算开口角度的大小，裁剪出上述橘子皮状，经过围合可形成球面形体。

也可通过柱面形体演变形成球面形体。将柱面中部均匀平行的切割一些刀口，上下部不要切断，通过上下施力有刀口的中部柱面，会变成一个球面。

还可以通过平面插接形成虚球面。此种形体相当于物体的内部结构，可在此结构基础上贴加一外表面，形成球面实体。

（2）表面加工。对纸的表面进行加工是利用工具或其他方法，使纸的表面改变原有的状态，而产生一种表面起伏或特殊肌理效果的加工方法。这种加工表面在处理模型的细节变化上，起到丰富模型视觉效果、加强表面对比的作用。纸的表面加工常用的有以下几种：

① 加纹。利用刀背、笔杆等不会划伤纸面的工具在纸的表面进行刻划，使纸的表面产生具有带状纹理的感觉。

② 起毛。用具有一定粗糙度的工具，对纸的表面进行刮、磨，使原来平整光滑的表面产生不平的凹凸毛刺效果。

③ 粘附。在纸的表面刷上一层黏结剂，在上面撒细小的颗粒，黏结剂干后，这些细小的颗粒便附着在纸面上，产生丰富的肌理效果。

④ 凹凸。利用纸的可塑性，在纸下垫具有凹凸纹理起伏纹样的物体，在纸的表面进行按压和刮擦，纸的表面便会产生出具有明显凹凸的纹样。

纸作为一种最常见、最便宜的材料，应该是制作模型时首选的材料，但由于纸本身具有的特性使制作的纸模型不易保存、易损坏，所以纸模型一般用作草模或探究性模型，用于进一步完善和优化设计方案。

4.6　木质模型制作

木材作为一种天然材料，其自然、朴素的特性令人产生亲切感，被认为是最富有人性特征的材料。木材具有优良的特性，是传统的模型材料之一。图4-117所示为木质材料，图4-118所示为木质灯具模型。

图4-117　木质材料

图4-118　木质灯具模型

4.6.1　木材的构造、种类及特性

1. 木材的构造

木材是由树木采伐后经初步加工而得的，是由纤维素、半纤维素和木质素等组成。树干是木材的主要部分，由树皮、木质部和髓心3部分组成。树干的构造如图4-119所示。

木质部是树干的最主要的部分。由于木质部的细胞组成与排列不同，构成了木质部的异向性。从横切面、弦切面和径

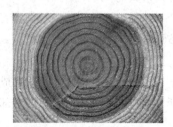

图4-119　树干的构造

切面 3 个方面进行观察，可以清楚地看出它们的不同构造，从而根据模型制作的需要加以选择和利用。

（1）横切面。与树干主轴方向垂直的切面称为横切面，是识别树种的主要切面。该切面表面粗糙、硬度大、耐磨损、难刨削，但易折断，加工后不易获得光洁的表面。

（2）径切面。通过髓心与树干平行的切面称为径切面。径切面的木材纹理呈平行条状，板材收缩小，不易翘曲。

（3）弦切面。不通过髓心而与树干轴向平行的切面称为弦切面。弦切面的木材纹理美观但易翘曲变形。

2. 木材的特性

木材是在一定自然条件下生长起来的，它的构造特点决定了木材的性质。

（1）质轻，具有一定的强度。木材由疏松多孔的纤维素和木质素构成。木材因树种不同，材质密度大小有异，密度一般在 $0.3\sim0.8\ \mathrm{g/cm^3}$ 之间。

（2）纹理美观，色泽自然悦目。木材具有天然的色泽和纹理，不同树种的木材或同种木材的不同材区具有不同的色泽，如红松的心材呈淡玫瑰色、边材呈黄白色，杉木的心材呈红褐色、边材呈淡黄色等。又因年轮和木纹方向的不同而形成各种粗、细、直、曲形状的纹理，经旋切、刨切等多种方法还能截取或胶拼成种类繁多的花纹。

（3）对热、电、声的绝缘性好。木材是一种多孔性材料，具有良好的吸音隔声功能。木材的导热系数小而电阻大，全干木材是良好的隔热和绝缘材料，但随着含水率增大，其绝缘性能降低。

（4）加工性能优良。木材易锯、易刨、易切、易打孔、易组合加工成形。木材具有一定的可塑性，在热压作用下可以弯曲成形，可用金属钉、榫接、胶粘等方法进行连接。表面易于着色和涂饰，有较好的装饰性能。

（5）各相异性。木材是具有各相异性的材料，其性能在径、横、弦截面上有差异，加工以及使用中应加以考虑。例如木材在纵向（生长方向）的强度大，是有效的结构材料，但其抗压、抗弯曲强度差。

（6）易变形、易燃、易腐蚀。木材由于干缩湿胀，容易引起构件尺寸及形状变异和强度变化，发生开裂、扭曲、翘曲等。木材的着火点低，容易燃烧。木材受真菌的侵害，细胞壁易被破坏致使材色改变，并变得松脆易碎，使强度和硬度降低。

3. 木材的种类

（1）锯材。锯材按其宽度与厚度的比例而分为板材和薄木。

① 板材。锯材的宽度为厚度的 3 倍或 3 倍以上的称为板材。板材按厚度不同又可分为：薄板，厚度在 18 mm 以下；中板，厚度在 19～35 mm；厚板，厚度在 66mm 以上。图 4-120 所示为板材。

② 薄木。按不同的锯割方法，可分为：

锯制薄木：表面无裂痕，装饰质量较高，一般用作覆面材，但加工时锯路损失较大而很少采用。

刨制薄木：纹理为径向，纹理美观，表面裂纹较少，多用于人造板和产品的覆面层。

旋制薄木：也称单板，纹理是弦向的，单调而不甚美观，表面裂纹较多，主要用来制造胶合板或做弯曲胶合木材料。

图 4-121 所示为薄木。

图 4-120　板材　　　　　　　　　　　　　图 4-121　薄木

（2）曲木。木材弯曲又称曲木。常用的弯曲方法有：

① 实木弯曲：就是将木材进行水热软化处理后，在弯曲力矩作用下，使之弯曲成所需要的各种形状，而后干燥定型。采用实木弯曲的方法，对树种和等级有较高的要求，有一定的局限，因此近几年来，已逐渐被胶合弯曲工艺所代替。

② 薄木胶合弯曲：是将一叠涂过胶的旋制薄木（单板）先配制成板坯，表层配制纹理美观的刨制薄木，然后在压模中加压后弯曲成形，亦称成形胶压。它具有工艺简单、弯曲力小、木材利用率高和提高功效的优点。主要用于各类椅子、沙发、茶几和桌子等的部件或支架，使产品具有造型轻巧、美观和功能合理的特点，并为产品设计的拓宽品种提供了新的途径。

③ 锯割弯曲：用于制造一端弯曲的零件，如桌腿、椅腿等，还可以采用在方材一端锯剩后再弯曲的方法。在每个相等间距的锯口内插入一层涂胶薄木（单板），然后在弯曲设备上弯曲胶合。

图 4-122 所示为曲木。

（3）人造板。人造板有效地提高了木材的利用率，并且有幅面大、质地均匀、变形小、强度大、便于二次加工等优点（见图 4-123）。其构造种类很多，各具特点。最常见的有胶合板、刨花板、纤维板、细木工板和各种轻质板等。下面分述各类人造板的特点和用途。

① 胶合板。胶合板用三层或多层单板纵横胶合而成。各单板之间的纤维方向互相垂直、对称。胶合板幅面大而平整，不易干裂、纵裂和翘曲。广泛适用于家具的大面积相关部件的制作。

② 刨花板。刨花板利用木材采伐和加工后的剩余材料、小径木、伐区剩余物或一年生植物桔秆，经切削成碎片，加胶热压制成。刨花板具有一定强度，幅面大，但不宜开榫和着钉，表面无木纹。

③ 纤维板。纤维板是一种利用森林采伐和木材加工的剩余物或其他禾本科植物秸秆为原料，经过削皮、制浆、成形、干燥和热压而制成的一种人造板，根据容积重量的不同，可分为硬质、半硬质和软质 3 种，质地坚硬、结构均匀、幅面大、不易胀缩和开裂。

④ 细木工板。细木工板是一种拼板结构的板材，板芯是由一定规格的小木条排列胶合而成，两面再胶合两层薄木板或胶合板。细木工板具有坚固、耐用、板而平整、不易变形、强度大的优

点。可应用于家具的面板、门板、屉面等，多用于中、高级家具的制造。

⑤ 复面空心板。它的内边框是用木条或花板条构成而成。在板的两面胶贴薄木，纤维板、胶合板或塑料贴面板，大面积的空心板内部可放各种填充材料。重量轻，正反面都很平整、美观，并有一定的强度，是家具的良好轻质板状材料，可用于桌面板，床板和柜类家具的门板、隔板、侧板等。

图 4-122　曲木

图 4-123　人造板

木材被广泛地应用于传统的模型制造中。在传统的机械制造中大量采用木模型作为铸造用模型。业余模型爱好者使用条状的薄木板做成各种流行的航天及航海模型，无论把木材用在何处，都能制作出非常精美的作品。

由于木模型对所使用的材料有较多的要求，同时制作木模型需要熟练的技巧。所以在产品模型制作中，通常使用木材来做细致的模型部分，或作为制作产品的补充材料，较少用它做结构功能性模型。

在木模型制作中完全使用木材来制作模型可以达到非常精美的效果，但与其他的材料相比，它需要用到各种不同的加工和整饰方法。为了节省时间，增强木模型的表现效果，经常将木材和其他装饰效果好的表面材料结合使用。

4.6.2　木模型制作材料与工具

1. 材料

木材按材质来分，主要可以分为两大类：轻质木材和硬木类木材。采用木纹贴面对模型的整体或局部进行粘贴，可产生整块木板的效果。另外，木模型的制作还需要一些辅助材料。

1）轻质木材

轻质木材比较松软，易于切割，粘接时不需要专门的胶水，也不需要较高的粘接技术，但是轻质木材的纹理比较脆弱和疏松，不适合制作模型构造件，对于具有构件性的木模型应采用比较坚实的木材来制作。

轻质木材虽然在制作过程中的切割和粘结时会节省大量的时间，然而以轻质木材制作的模型在表面处理阶段进行修饰的时候，需要花费更多的时间。

在模型制作中应避免使用很薄的软木或体积大的厚板或木块，因为过薄的木料结构上太脆弱，很容易折断。对成形和整饰大块的软木则需要大量的时间，工作程序也较为复杂，对于大的模型，最佳的选择还是泡沫塑料。

2）硬质木

虽然对坚硬木材的加工比较困难，而且需要较高的加工技术，但是硬木确实是制作模型的上好材料。

椴木、桦木、桃木、云杉和胡桃木通常以木条和板材出售，有正方形的或长方形等许多规格，同时还有其他的截面（三角形、半圆形）。由于这些截面的尺寸通常都比较小，可以像轻质木材那样进行切割。

硬木的纹理比轻质木材和其他软木更实密，使得表面涂饰也更为容易，如果采用纯木质材料来制作模型，具有一种天然的材质美。

3）木纹贴面

木纹贴面是从原木上抛削下来的一层薄木层。市面上有不同种类的木质贴面供选择。在模型制作中，常用木纹贴面来表现家具和其他用以表示木头做成的物体的表面。

处理木纹贴面就像是处理纸材料一样，可用刻刀切割，再用白胶粘到模型上。通过打磨作整饰，可以产生非常平滑精美的木纹表面。图 4-124 所示为不同的木纹贴面。

图 4-124　不同的木纹贴面

4）辅助材料

辅助材料主要有填充材料和表面涂饰材料。

（1）填充材料。填充材料和密封材料主要用于对木模型表面进行后期整饰，以方便木材的表面涂饰。无论是哪一种类型的填充材料，都不可能把材料缝隙真正填平。填充材料用来填平模型粗糙纹理表面。对于要显示木材纹理的木模型在涂饰填充材料后，经过打磨，木材纹理将不应受到影响。

水基质填充料：基本成分是虫胶和滑石粉，水基的填充材料应该涂覆少量、很薄的一层，特别是在软质木材上，过多地使用水基质的填充材料会使木板翘曲。

聚酯填充料：是为金属产品的表面、汽车车体、机械设备表面的修补进行配置的，质地坚硬。用于填充范围小的绝缘区，并可刮涂在模型整个表面上，比较适合于木质模型表面的涂饰。

（2）表面涂饰材料。模型表面涂饰材料主要分两大类：一类是手刷漆，手刷漆必须用刷子对模型的表面进行反复多遍的涂刷；另一类是喷漆，喷漆可以将调和好的涂料通过喷枪喷涂到模型的表面。与刷漆不同，喷漆不会留下刷子的痕迹。还有一种是选用喷灌漆。喷灌漆比喷枪的使用更简单，使用喷灌漆最大的局限是使用的颜色受到限制。喷灌漆很难找到完全合适的颜色，只能用在和喷灌漆颜色一致的模型上。

使用有光泽颜料的缺点是：任何微小的表面缺陷都会清晰地看见。尽可能使用无光泽的颜料，如果买不到无光泽的颜料，可在有光泽的颜料上最后再喷上一层无光的透明层。

2．工具

（1）刀具。刀具是切削软质木材的基本工具，与加工纸的刀具一样，可以选用不同的美工刀进行各种切割作业。可以用刀具来切削硬木条和胶合板，也可用刀具进行直线的切割，或对模型的局部进行刻削加工，使用起来会比锯子更快、更精确。但美工刀并不适宜用在厚的或坚硬的木材上，否则将会产生不精确的切割。

（2）刨刀。刨刀是用来刨平木材表面，对木材的边沿、切口及榫槽进行修饰的工具。主要有长刨、短平刨、弧面刨、手短平刨。图 4-125 所示为刨刀。

（3）锯。用于对厚的木板材、块材和胶合板的切割。不同的木锯，可以切割出曲面和其他复杂的形状。将待加工的材料夹紧在工作台上，可以保护工作台的边缘不被损坏，同时也有助于切割复杂的形状。电动竖锯虽然较贵，但却是非常实用的工具，可用于切割板材上各种复杂的曲线。

（4）电钻。电钻分手持式电钻和台式电钻，它们都是木模型制作中非常重要的工具。用电钻可以加工出精确的孔，同时也可以作为许多切割过程的辅助工具。

（5）手摇钻。手摇钻和电钻一样，它们都是木模型制作常用的工具。手钻用于在各种不同规格的木材上加工出精确的孔。手钻配有不同直径的钻头，是一种非常便捷的手工工具。图 4-126 所示为手摇钻。

图 4-125　刨刀

图 4-126　手摇钻

（6）整饰工具。主要有锉刀、砂纸、电动打磨机和夹具。

① 锉刀。在木模型制作过程中，还需要用到各种规格的、粗细不同的金属平锉、半圆锉、圆锉，主要用于对表面的平整、凹曲面、圆孔的加工。选择高质量的锉刀，可以得到良好的加工效果。

另一种基本工具是一套小锉刀，主要用于整圆的边角、修整孔洞、制作凹槽及其他类似的工作。

② 砂纸。主要用于对各种模型材料表面的整饰。

在单独使用砂纸时，最好将一小张砂纸的背面对折使用，这样会具有一定的强度，在表面整饰的过程中不会受手指形状和用力不均而影响表面的整饰效果。

应根据不同材质的硬度来选择不同型号的砂纸，如 60 目的砂纸用于圆整边角；100 目的砂纸多用于去除多余的泥子，轻质木材则要使用更细的砂纸。

图 4-127 所示为用砂纸打磨锉刀痕迹。

③ 电动打磨机。电动打磨机是用机械振动的方法，带动安装在打磨机底部的砂纸做快速前后运动，利用这种方式对加工件的表面进行打磨和砂光，是一种快速、便捷的表面加工工具。

④ 夹具。夹具是装在工作台上，用于夹持需切割和修整木条的不可缺少的工具。对于精细的作业，应避免用手持进行切割或锉削。此外，不同型号的 C 型夹都是模型制作中的重要工具，可用于模型不同部分的固定，保持加工和上胶时模型的尺寸精确和表面的整洁。图 4-128 所示为容器固定夹具。

图 4-127　用砂纸打磨锉刀痕迹　　　　　　　图 4-128　容器固定夹具

（7）凿子。凿子是对木材进行凿孔的工具（见图 4-129），与其他加工工具一样，可以选用不同尺度的凿子进行各种凿孔作业。可以用凿子来铲削或对模型的局部进行刻削加工，比其他工具更快、更精确。图 4-130 所示为用凿子去除多余部分。

图 4-129　凿子　　　　　　　　　　图 4-130　凿子的使用

（8）测量工具。尺子、木工角尺或曲尺和卡钳都是所需的基本测量工具。因为这些工具通常是与刀具和锯子配合使用的，最好使用金属制成的尺子。

（9）工作台面。在木模型制作中，质地软硬适中的塑料垫，极适合于切割作业的垫板，还应装配一张胶合板作为工作台面，也可以作为模型装配时的工作台。现在，市面上也有专门的木制工作台，如图 4-131 所示。

应加以注意的是：必须用平整的工作台面来黏结部件，用尺子或角尺来检查模型部件的尺寸和装配的垂直度，在工作台上固定一台小台钳，就可以使它成为可移动的轻便工作台。

（10）黏结剂。在木模型制作过程中，木材和其他材料黏结时，所选用的黏结剂必须与所要粘结的表面材质相兼容。

图 4-131 木制工作台

① 白胶。白胶可用于大多数物体，在黏结过程中要将黏结件夹紧或压实。

② 轻质木材黏结剂。轻质木材黏结剂比白胶干燥得快，特别适合黏结立即要处理的小件物品。需要注意的是这种胶干燥后有光泽，会在木材上留下清晰的痕迹。

③ 环氧树脂。环氧树脂用于接触面积较小的结构件（椅子和桌腿、杆等）。是一种黏性非常强的黏结剂，但是使用时比白胶要复杂。同时环氧树脂胶需要较长的固化时间才能得到高的粘接强度。

4.6.3 木模型制作工艺

木模型的制作是根据实际方案将木材原材料通过木工手工工具或木工机械设备加工成构件，并将其组装成制品，再经过表面处理、涂饰，最后形成一件完整的木模型的技术过程。

1. 木模型构件的制作工序

每个木构件加工前，都要根据被加工构件的形状、尺寸、所用材料、加工精度、表面粗糙度等方面的技术要求和加工批量大小，合理选择各种加工方法、加工机床、刀具、夹具等，拟定出加工该构件的加工工序。

木制品构件的形状、规格多种多样，其加工工艺过程一般为以下顺序：

（1）配料。配料就是按照木制品的质量要求，将各种不同树种、不同规格的木材，锯割成符合制品规格的毛坯，即基本构件。

（2）基准面的加工。为了构件获得正确的形状、尺寸和粗糙度的表面，并保证后续工序定位准确，必须对毛坯进行基准面的加工，作为后续工序加工的尺寸基准。

（3）向对面的加工。基准面完成后，以基准面为基准加工出其他几个表面。

（4）划线。划线是保证产品质量的关键工序，它决定了构件上榫头、榫眼及圆孔等的位置和储存，直接影响到配合的精度和结合的强度。

（5）榫头、榫眼及型面的加工。榫结合是木制品结构中最常用的结合方式。因此，开榫、打眼工序是构件加工的主要工序，其加工质量直接影响产品的强度和使用质量。

（6）表面修整。构件的表面修整加工应根据表面的质量要求来决定。外露的构件表面要精确修整，内部用料可不修整。

2. 木材的加工方法

（1）切割。木材的切割加工是木材成形加工中用得最多的一种操作。在切割木材之前，应该注意到以下两个重要的问题：

一是在切割时对木纹和纹理方向的把握。在切割木材之前，重要的是先考虑对材料的切割是与木纹平行、倾斜还是垂直。

对于平行于木纹的切割，切割难度不大，而倾斜于木纹纹理的切割，会使刀刃处在不同的纹理方向。垂直于木纹的纹理，切割就比较困难，而且在切割后，会使木材的截面产生粗糙的边缘。所以对于不同的材料就要考虑选用不同的切割工具和方法。

二是刀具的选择和使用。应根据不同厚度和硬度的材料来选择刀具。

木材越薄、越软，刀具的刀刃也必须越薄。厚的刀刃会使切割线周围的木材变形。要给刀具施以较小的压力，使刀具能够重复地切割同一凹槽，而不要一次施加太大的压力。仔细地将直尺放平，在刀刃向下运力时牢牢握紧它；在切割接近完成时，要减少刀刃的压力。

用锋利的刀具可切割薄的硬木片和木条。切割圆木棒时要在刀刃下不断地转动木棒，使刀刃绕着圆周进行切割，这样做能使切割后的切口整齐平顺。对于正方形和长方形的木条，要对木材的四边进行切割，以保证精确地垂直切割，防止木材断裂，留下不均匀的边缘。

（2）刨削。木材经锯割后的表面一般较粗糙且不平整，因此必须进行刨削加工木材，经刨削加工后，可以获得尺寸和形状准确、表面平整光洁的构件。

（3）凿削。木制构件间结合的基本形式是框架榫孔结构。因此，榫孔的凿削是木制品成形加工的基本操作之一。

（4）钻削。钻削是加工圆孔的常用方法，选择不同直径规格的钻头，可获得大小各异的圆孔。

（5）铣削。木制品中的各种曲线零件，制作工艺比较复杂，木工铣削机床是一种万能设备，既可用来裁口、起线、开榫、开槽等直线成形表面加工和平面加工，又可用于曲线外型加工，是木材制品成形加工中不可或缺的设备。

3. 木模型构件的连接

木模型是由多个部件组合连接而成的，木模型构件的连接方式很多，常见的有胶连接、榫连接、金属钉连接等。连接时需根据技术要求确定采取不同的连接方式。

（1）胶连接。胶连接是木模型常用的一种连接方式，也就是采用黏结剂进行连接，主要用于实木板的拼接及榫头和榫孔的胶粘。其特点是制作简便、结构牢固、外形美观。

常用的黏结剂种类很多，最常用的是聚醋酸乙烯酯乳胶液，又称白乳胶。它的优点是使用方便，具有良好的安全操作性能，不易燃，无腐蚀性，对人体无刺激作用，在常温下固化快，无须加热，并可得到较好的干状胶合强度，固化后的胶层无色透明，不污染木材表面。

除了黏结剂本身的作用外，在模型胶粘时要考虑两个重要的因素。

其一是清洗接触面积。彻底清除胶粘表面上的尘积物（尘土、湿气）。要粘接的模型越重、材质越硬，这点也就越加重要。例如纸张相对比较容易黏结，黏结金属就困难了。有些黏结剂（如白乳胶）比较容易使用，允许有些小的过失；有些黏结剂（如环氧树脂）则需要更准确的操作和耐心细致的工作。

其二是对于受力大的物体，接触面上应该多用一点胶来增强黏着力，对于模型的不同部分，应分次序先后进行粘接，后序的部分应在前一个连接点固化后才能进行。如果模型胶粘需承受较大的力时，就不能只依赖于黏结剂，而要采取另外的粘接方式，如榫接、销钉定位或互锁的连接方式。

图 4-132 所示为用胶进行连接。

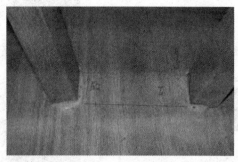

图 4-132 用胶连接

（2）榫连接。榫是连接木材不同构件的重要方法和构造。榫连接的优点是：传力明确、构造简单，结构外露，便于检查。连接时将榫头四壁和榫孔相吻合。为加强连接强度，通常在榫头或榫孔四壁均匀涂胶。根据连接部位的尺寸、位置以及构件在结构中的作用不同，榫头的形式也多种多样。图 4-133 所示为燕尾榫。

图 4-133 燕尾榫

制作榫的操作，应在木材上画出所需的榫和相应榫孔的尺寸，用锯子和凿子分别进行精确的加工。

（3）金属钉连接。金属钉的种类很多，有用锤直接钉入构件的直钉、用螺钉旋具紧固的木螺钉、通过孔洞紧固的螺母螺栓等。图 4-134 所示为金属钉连接。

4. 木模型的表面修整

木制模型表面虽然在加工中已经被刨光或者磨光，但是由于木材自身的材质性质，决定了在用木材制作模型的过程中，其表面还是会有一些凹凸、刮痕、毛刺、坑洞等，为了达到最终的光滑、光洁效果，应该在木模型装配之前对模型的表面进行填充和密封。

填充料应该比模型材料软一些，否则在打磨时会损伤模型的其他表面。在填充完所有的缝隙或表面后，如果木材的纹理还很清晰，要逐次用细砂纸进行打磨处理。

5. 表面涂饰

如果对木模型的表面修整能合理有效地进行，着色就很容易了。模型表面处理的质量如何在着色时就会显现出来。着色之前模型存在的缺陷就是着色以后能见到的不足之处，因为涂料并不能覆盖模型的缺陷。

表面着色是一项复杂而细致的工作。着色过程中涂料会释放出有害的气体。如果可能的话，应在室外进行，但是不要在潮湿或刮风的天气里进行作业，也不要直接在阳光下着色（见图 4-135）。

图 4-134   金属钉连接

图 4-135   木材表面涂饰

在开始着色之前，应彻底去除模型表面的粉尘。在与模型材料一致的废弃材料上试喷，以检查所使用的涂料的质量、稀稠程度、与密封材料是否会起反应等，记住要先将颜料搅拌均匀。

喷罐漆的压力比空气压缩机柔和，颜料浓度也较小，需要多次地喷涂，颜料才能均匀地覆盖在模型表面。多次薄喷可以提高喷涂的质量，对于某些涂料（如黄和橙色的漆），由于其覆盖能力差，需要更多的喷涂次数。

漆层太厚，会造成颜色流淌，很难去除。在对模型的表面喷涂两层颜色后，应该还能看到下面的表面材质，还有一定的透明度。

在每一次喷涂的漆完全干透后，用 400 目的砂纸轻轻打磨一下模型的整体表面。如果表面处理不好，打磨不平，在第一次喷涂后将会暴露出表面的不足和缺陷，但可以稍微地进行修补。涂层之间的打磨，有助于使模型的表面装饰更为精美。

本小节详细地介绍了木材的种类、特性，木模型制作时所需要的工具，木模型构件的加工工序，木材的加工方法，木模型构件的连接方式以及木模型的表面处理等。

在现实生活中，木材是一种常见的材料，使用木材所制作的产品或是模型随处可见。因此，我们要养成擅于观察的习惯，从现实的产品中发现其制作的方法以及由此带来的美观性能和使用性能，以有助于我们在制作木质模型时吸取经验和教训，制作出更加美观的木质模型。

由于木材种类的繁多，我们在制作模型时就有很多的选择，如何选择出符合模型要求且经济美观的木材是我们考虑的问题，这就需要了解各种木材的特性，从而选择出符合要求的木材。

木模型构件的加工工序、木材的加工方法和木模型构件的连接方式是我们学习的重重之重。如何才能更好、更熟练地掌握这些，不断的实践是必不可少的。在实践中擅于总结并勇于创新是大学生应该具有的品质。因此，我们必须养成勤于动手的习惯，在实践中体会理论知识，实现理论知识与实践的结合，这是很重要的。

4.7   金属模型的制作

金属是现代工业的支柱。金属材料的工艺性能良好，能够依照设计者的构思实现产品的多种造型，是产品模型制作的一类重要材料，因此，了解金属材料的特性是设计师实现设计构思的一个重要途径。

对大面积的和较厚的金属板材、金属管材和金属板材进行加工，需要装备齐全的、专业化的加工设备和场所。在手工制作模型时，除非将金属用作模型的结构件，否则只选择和使用最薄和最软的金属片材。有时可以在纸板上涂覆具有金属质感的纸箔来模拟金属的表面效果。在手工模型制作过程中，对金属进行加工要符合小面积和小数量的原则，以达到使模型制作快速、便捷。图 4-136 所示为金属材料，图 4-137 所示为金属模型。

图 4-136　金属材料

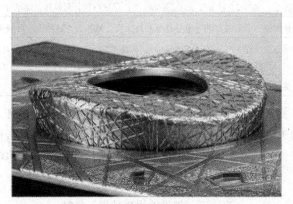

图 4-137　金属模型

4.7.1　模型用金属材料种类及特性

1. 金属的分类

金属材料种类繁多，通常分类如图 4-138 所示。

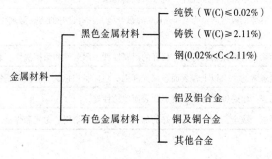

图 4-138　金属的分类

2. 金属的性能

金属材料的性能可分为两类：一类称为使用性能，是指金属材料在正常工作条件下所具有的性能，它决定了材料的应用范围、使用的可靠性和寿命，包括材料在使用过程中表现出来的机械性能、物理和化学性能；另一类称为工艺性能，是指材料在制作过程中的各种特性，包括铸造性能、锻造性能、焊接性能和切削加工性能。制作金属材料模型应了解金属材料的一般性能，以正确地选择和使用材料。常见金属材料的特性见表 4-1。

表 4-1　常见金属材料的特性

金属材料	特　性
低碳钢	低强度、高塑性、高韧性及良好的加工性和焊接性
中碳钢	具有一定的强度、塑性和适中的韧性，经热处理而具有良好的综合力学性能
高碳钢	具有较高的强度和硬度，耐磨性好，塑性和韧性较低
铬钢	耐磨性、硬度和高温强度增加
镍钢	热性、低温抗冲击性、耐蚀性增加
锰钢	增加高温的抗拉强度和硬度
铝	纯铝密度小，约为 2.7 g/cm³，熔点是 660 ℃，呈银白色，质轻软，导电导热性和塑性优良
铝合金	质轻、强度高，具有良好的导电导热性和抗蚀性，易加工，耐冲压，可阳极氧化成各种颜色
纯铜	纯铜的熔点为 1 083 ℃，密度是 8.9 cm³，质地柔软，有极好的延展性，具有良好的加工性和焊接性，纯铜的导电导热性极好
黄铜	导电导热性强，耐腐蚀性能、机械性能和工艺性能良好

金属型材、板材、管材、线材是制作金属模型的重要材料。其中板材、线材在金属模型的制作中使用较多，常见的板材有：镀锌钢板、镀锡钢板、无锡钢板、镀铝钢板以及有机涂层钢板、不锈钢板、铝合金板、黄铜板等。板材按要求可进行裁剪、弯曲、冲压和焊接。常见的板材种类及特性见表 4-2。

表 4-2　常见的板材种类及特性

板材种类	特　性
镀锌钢板	钢板表面镀锌，有效地防止钢材腐蚀，延长使用寿命
镀锡钢板	钢板表面镀锡，表面金属光泽强，具有良好的耐腐蚀性、焊接性，深冲压时有润滑性
无锡钢板	钢板表面采用电解铬酸法处理，可代替镀锡钢板
镀铝钢板	钢板表面有纯铝或含硅量为 5%～10%的铝合金，具有良好的抗高温氧化性、热反射性和优异的耐大气腐蚀性
有机涂层钢板	钢板表面涂覆有机涂料或薄膜，良好的耐腐蚀性、耐久性和耐擦洗性，装饰性极强
不锈钢板	铬的含量通常达 12%以上，表面金属光泽强、色泽呈银色、具有高耐腐蚀性
铝合金板	质轻、高强、耐腐蚀、易加工成形、表面装饰性好
黄铜板	金属光泽强，成金黄色，具有良好的加工性能、易于切削、抛光和焊接

3. 材料

（1）金属材料主要有如下几种：

① 铝管材和黄铜管材。铝管材和黄铜管材一般为小直径的金属管材，直径范围在 2～12 mm

之间。通常用在比例模型的制作中，用于模仿钢管的效果。特别是在需要模仿机械或真实构件的情况下（例如伸缩的接头）。圆管比其他轮廓的管材更常见（见图 4-139），金属管材还有方形、矩形等不同的尺寸和规格。

② 铝、黄铜和紫铜片。是最适合于模型制作的金属片材（150 mm×300 mm），铝片、黄铜片和紫铜片可在五金材料的商店里买到。这些材料可用厚度在 0.4～2 mm 之间。

③ 延展金属、专用金属和焊网、金属网。不同的金属材料和焊网、金属网可以给模型增加真实感。例如，用于制作音箱面板、烤架、滤水器和架子、金属筐、容器和储物装置。金属网和其他规格的材料都能在五金商店里买到。图 4-140 所示为金属网。

图 4-139　金属管材

图 4-140　金属网

④ 钢丝。高质量的高碳钢线，在工业中通常用于制作弹簧。模型制作中常用到的是直径为 0.4～1.5 mm 的钢琴线。也可根据制作需要选用稍大的直径，但是较难弯曲，不适合于手工制作。使用钢琴线是从美的角度和结构细节来考虑；当需要较粗直径的线材时，最好使用铁线、铝线、铜线或塑料管来进行加工制作，容易达到预想的效果。

⑤ 铜线和铝线。铜线和铝线比钢丝软一些，更容易切断或弯曲。铜线的直径可达 2 mm；铝线的直径可达 3 mm。

⑥ 铁丝。铁丝较软且非常容易曲伸，特别适用于检查、试验不同形状的弯曲效果，但很难加工成特别直的直线，也很难弯成精确半径的弧线，可用作钢琴线的替代品。最好的铁丝是镀锌的。通常使用的直径范围在 1.5～3 mm 之间。

（2）清洁材料主要有如下几种：

① 三氯乙烯。用于清除准备粘接（无论是胶接或是焊接）金属表面的油脂。也可以使用其他类似的干洗液。因为三氯乙烯是易燃性液体，因此在使用时应该小心谨慎，并在通风的地方使用，因为这种气体对身体有害。

② 砂纸。用于对准备胶粘或焊接时金属表面的清洁、打磨之用。根据不同情况，可选用 200、300、400、600 目等不同规格的砂纸。

（3）黏结剂。黏结剂的选择取决于所需粘接材料的性质，并以高强度、使用方便、快速固化为原则。金属是难于粘接的材料，需要的粘接强度比木材或纸张要高得多。其中强度最高的是焊接产生的，这是比粘接要复杂而且困难得多的技术，需要有专门的工具。黏结剂主要有以下几种：

① 环氧树脂。经过较长时间固化的环氧树脂，要比快速固化的环氧树脂黏结性能好。在黏结金属时，这个性质特别重要。只有在要黏结的形体需要立刻与模型制作的其他步骤发生关系，或模型的连接点不承受很大应力时，才使用快速固化的环氧树脂。

② 氰基丙烯酸酯黏结剂。氰基丙烯酸酯黏结剂是一种超级速干的黏结剂，如果使用正确，可产生非常强的连接效果（见图 4-141）。因为这种胶的固化只需几秒钟的时间。在胶干燥期间最好使用夹持工具进行。

氰基丙烯酸酯黏结剂的缺点是不能填充缝隙，因此被粘接的表面必须做到精确的配合。对需要粘接的金属部分必须预先整平，以提供最大可能的表面接触而没有间隙。用量要少，否则固化时间会延长，导致粘接失效。

③ 硅树脂密封剂。硅树脂密封剂不是真正的黏结剂，可用于在两个大模型配件之间形成弹性的、但不是高强度的粘接（见图 4-142）。其功能就像是不均匀表面的填充料，可封闭间隙。硅树脂极容易脏污模型的表面，最好使用在模型不可见的部分。

图 4-141　氰基丙烯酸酯黏结剂

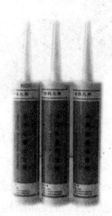

图 4-142　硅树脂密封剂

4. 加工工具

（1）切割工具主要有如下几种：

① 砂轮锯。类似于圆锯，更适合于切锯小的金属材料，如金属管料、铝棒和切削轮廓。

② 斜钳。用于剪切金属线和小的板材。小的钳子可剪断 1 mm 以下的钢丝；中等大的钳子可剪断 2 mm 的金属线。

③ 平头钳。用于剪切薄的片状金属（厚度在 0.7 mm 以下的片材，厚度在 1.5 mm 以下的焊接网和金属网）、延展金属。不要用平头钳剪金属线，否则容易损坏钳口。

④ 钢锥。选择中型的钢锥可用于在金属片材上确定需加工孔的圆心。钢锥另外的用途是作为切割薄的铜、铝片材的工具。

（2）成形工具主要有如下几种：

① 锉刀。用于将金属板、金属管材、板材和线材的粗糙边缘进行削锉平整和光滑，也适用于金属表面的修饰。

② 钳子。扁嘴或侧切的钳子是在不便于用手或不可能用手进行操作的情况下，来夹持模型狭小部位的工具，侧切的钳子也可用于切断小直径的线材；当需要把金属丝弯曲成环时，尖嘴的钳子是必不可少的工具；其他类型的钳子不能弯出精确的圆，而只能做出相似的多边形的形状。

③ 锤子。锤子也是模型制作中通用的工具，与钳子不同，是用来弯曲粗线的，与其他设备配合可弯曲或锤整金属片材，在模型制作中一般选择较小的锤子。

④ 电钻。许多电钻具有可控变速的功能，这对于金属加工时特别需要。使用电钻应该遵循的原则：钻头越粗，速度越慢。在对加工部件的钻孔前应先进行定位。

在对模型制作中的薄金属板材上钻 8 mm 以上的孔时，应先在所加工的金属板上定位，并钻一个略小的孔，然后用圆锉进行修锉以到达所需的直径。这样可避免钻孔时，孔的边缘变形。

（3）直尺和测量用工具。在木模型制作中所使用的金属尺子和角尺，也适合在金属模型制作中使用。

（4）夹持工具主要有如下几种：

① 台钳。装在工作台上，用于夹持加工部件。

② 开槽的木块。插入台钳的钳口中，可使台钳所夹持的金属管子能夹紧又不会产生变形。

（5）焊接工具主要有如下几种：

① 电烙铁。在许多用于焊接的工具中，电烙铁主要用于对金属元件的焊接（见图 4-143）。选择电烙铁主要注意的是功率，应根据加工件的需要选择功率。小的模型件一般选择 150～200 W 的电烙铁即可。

② 焊料。焊料是一种锡铅合金，锡的含量应不少于 50%。要使用没有松香芯的焊料，这样焊点的周围就不会有发黑的现象。图 4-144 所示为非晶体焊料。

③ 焊接酸。焊接酸的功能是清洁金属，使焊料可黏结在金属表面上。有液体和膏状两种焊接酸，膏状的焊接酸比较容易操作，但液体的焊接酸可使部件焊得更牢，效果更好。

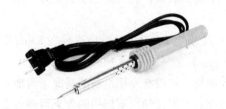

图 4-143　电烙铁

图 4-144　非晶体焊料

4.7.2　金属模型制作工艺

1. 塑性加工

塑性加工主要有压形和弯曲。

（1）压形。金属材料在外力作用下，使金属坯料产生塑性变形，从而获得具有一定形状及尺寸的毛坯或零件的加工方法称为压力加工，即压形。可分轧制、挤压、拉拔、自由锻、模锻、冲压等形式，都是将冶制后的原型钢材，再分别加工成所需的各种规格的材料。

① 轧制。轧制是金属坯料根据设计要求，在回转辊的空隙中以摩擦力的作用，连续轧压后而变形的加工方法，能获得一定形状的原材料，如板材、管材、板材、异形材等。

② 挤压。挤压是将金属坯料依据设计要求，放在挤压筒内，用强力从一端的模孔中挤出，以达到变形的加工方法。

③ 拉拔。拉拔是将金属坯料拉过拉拔模的模孔，以达到变形的加工方法。

④ 自由锻。自由锻是将金属坯料放在上下砧铁之间，以冲击力或压力使其变形的加工方法。

⑤ 模锻。模锻将金属坯料放在按设计要求制成的具有一定形状的锻模腔内，使坯料受冲击力或压力而变形的加工方法。

⑥ 冲压。冲压是一种与压形和弯曲都有关系的技术。用冲压机对金属施加压力到模具的孔中，使金属成形为带孔的形状。它可用来制作话筒上的网格、进气孔和排气孔等模型的真实的功能形态。

可以用简单的木质模具，以手工来实施冲压技术。

在一块 12 mm 厚的胶合板上锯出所需加工部件的形状，锯条留下的路径用作冲头与模具部分的空隙。在木模具合上时，金属的网格必须正好处在这个空格中。冲头边缘的半径必须对应于网格边缘所需的半径。

剪下一小块金属网，面积要比模具大一些，多余的材料用以制作金属网的折边，将金属网冲压到模型中。

将冲头钉到另一块板的中心上，将这块金属网放在它的上面，再将模子放在二者之上。绕着模子用锤子轻轻地敲击它们，使模子的两半合到一起，将金属网冲压到分开的模具与冲头之间的空隙中。

打开模具，从模具上分开冲头和模具，拉出成形的网格，用剪刀切掉多余的材料。

（2）弯曲。弯曲主要包括弯曲金属线、弯曲管材和弯曲板材。

① 弯曲金属线。弯曲金属线时应该使用钳子夹住要弯曲的金属线的一端。如果需要在两条直线之间有清晰的轮廓时，可将一端压向一个坚硬的、平滑的表面，而不是用手去握另一端，否则会产生稍微弯曲的角，而不是直线弯曲的角。

② 弯曲管材。弯曲管材需要专门的设备与技术。不过，可以自己动手弯曲直径在 8 mm 以下的黄铜管和铝管。应该选用管壁比较厚的管材（0.8～1 mm）。

对管进行弯曲的过程有一定的难度，经常碰到的问题是，在没有专用设备的情况下弯曲管材时，弯曲部分会变成椭圆，弯曲的横截面比原来的截面要宽。但这种所不期望的效果可通过专门制作的模具来校正。

制作模具的方法是锯出 3 块胶合板，制作成相应于管材弯曲时所需半径的一个曲线。注意：中间那块板要凹进一个相当于管子直径 2/3 的距离。将 3 块胶合板钉合起来或用螺丝锁紧。两块直边的模子形成的角度要稍微比管子的两臂形成的角度大一些。

所有的金属都是有"记忆"的，所以管材弯曲后会有反弹现象。因此，模具的角度必须稍稍地小一些，以补偿这个趋势。

弯曲完成后，用纸板作的模板或量角器检查所得到的角度。如果角度需要校正，不要用手来操作，否则会使弯曲的管材变形，应该校正模具的曲线，然后重复这个弯曲过程。

因为这样的制作过程较难，所以不赞成用硬度高的金属做管料或使用大直径的管料。如果有这种要求，可以用塑料板材或管材来替代。

③ 弯曲板材。板材的弯曲过程基本上与工业上弯曲板材的工艺类似，因此就像本书中描述的其他工艺一样，都会显示材料的潜力、局限性和制作工艺的复杂性。

将需要弯曲的板材放在两块胶合板或硬木之间，其宽度比要弯的板材略宽。由于弯曲是依靠着一块板来进行的，板材的弯曲部分要伸出到木材的边缘之外。如果弯曲带有弧角，板材的边缘必须也带弯曲，以便与这个半径相匹配。

在台钳上以木材—金属—木材的方式夹紧板材，如果装配起来后的宽度超过台钳钳爪宽度的 3 倍，则要给每个端部加个 C 型板，保证这个 3 层夹能夹紧。

用另一块硬木或厚的胶合板，慢慢地将伸出木板的金属板的部分加压。

在对较厚的板材做弯曲时，非常缓慢地施加压力是非常重要的，否则金属会撕裂。最好的方法是以缓慢的步骤来处理，让金属的结构在每一次推动时可调整一下。

如果金属非常坚硬，可以用锤子轻轻进行敲击，以施加更大的力。但不要直接敲击在金属上，而是在锤子和金属板之间垫上一块木块。

2．切割加工

（1）锯。使用锯来切割金属管料、细板材等相关的作业时，应将要切割的材料放置在台钳中，将划好线的胚料放在台钳的钳口之外，切割时不要给锯子施加太大的压力，而是以长而轻的行程来锯料。

当锯到材料的大约 1/4 时，将台钳中的材料旋转 90℃然后再夹紧，再锯 1/4，这样做就可以将整个材料精确地切割下来。

（2）平头剪。对较小面积的金属片材可以使用平头剪进行剪切。如为了表现较大的金属片材或厚重的金属板。可以考虑用纸材料裱饰上仿金属的面材来替代金属，以便节省时间。

用平头剪在对金属的板材做裁剪时，板材的边缘会产生变形，在剪切过程中会产生细小的破裂。因此要预先在需要的尺寸线之外留有加工余量，这样留有加工余量的剪切，才不会伤害到需要的形体，锉掉边缘后就可以得到所需的尺寸。

在做垂直的切割时，可将板材放在外缘标有辅助线的板上，一手牢牢按住板材，另一手剪切，这样刀刃的角度才会与剪切表面垂直。倾斜的刀刃会使边缘产生弯曲和毛刺。

在金属材料上切割不规则形状时，要将划线以外多余的材料的大部分先切割掉，留下窄窄的一条边供以后继续修整之用。这可以防止多余的材料在剪刀刃下面卷曲，剪切后，要用锉刀细致修饰切割处。

对于复杂的形状也可用相似的方法来切割：首先要粗裁一下，在紧靠着所需的轮廓线作第二次剪裁，然后再用锉刀修整切割的边。

（3）锥子。可以用锋利的锥子在薄板材上进行精确的直线切割。给要切割材料的两边都作上标记，然后用锥子在两边的切割线上重复划线，将板材划出槽，然后沿着槽多次弯折，可将材料很好地分开，再用锉刀锉掉不规则的裁切边。

（4）斜口钳。要对金属线进行干净利索的剪切，可以一部分一部分地切开材料，不断旋转角度，而不是一次直接将其剪断，一次剪断金属线会产生凿点，而不是齐平的端口。

3．连接工艺

金属模型一般是由多种相同金属材料或不同材料加工后组合而成，其零部件连接方法也有多种形式，如铆接、螺栓、螺钉、螺纹连接、焊接、胶接。

1）铆接

（1）作用。铆接是将两件或两件以上零件，通过铆接连在一起。对一些形态较复杂难以加工的零件，用分散加工方法，而后连接组合就方便多了。

（2）铆钉。铆钉分为实心和空心、半圆及平头数种。按材料分为钢铆钉、铜铆钉、铝铆钉、银铆钉等。钢铆钉硬度大，多采用热铆加工，即将铆钉加热到一定温度，再进行铆接。用于汽车大梁、桥梁、吊梁、铁塔等。制作模型时，根据需要去选用适合的铆接方法。

（3）铆接技法。一般采用机械加工，采用空气锤或电动铆钉枪来铆接。小型零件大都采用手工铆接，先在要铆接的两工件上，确定要铆接部位，划线后用小洋铳打一个定位点，在定位点上钻孔要稍大于铆钉 0.5 mm 左右，然后将铆钉穿过所钻的孔内，伸出长度约为 3～5 mm。铆前把零件下垫模夹好，将冲击盖模工具放在铆钉上，用锤击冲模到达铆接，也可不用冲模而用榔头直接铆接。图 4-145 所示为铆接成形示意图。

2）螺栓、螺钉、螺纹连接

（1）螺栓连接。用螺栓与螺母将两个工件进行连接，这是一种较为简单的连接技法，可避免铆接无法拆卸的缺点。

（2）螺钉连接。和上述方法相似，它不同的是利用连接件攻丝（攻螺纹），再用螺钉紧固，于模型无须拆卸螺母即可松开。

（3）螺纹连接。某些零件为了连接方便，将两端部分都加工成螺纹，一端为公螺纹，一端为母螺纹，组装时只要将两端套接拧紧在一起，省去其他加工零件的麻烦，这种方法适合连接中小型产品模型用。

3）焊接

在现代工业产品的加工中，应用广泛的一种金属连接方法是焊接。这种方式既节省材料，又节省工时，减轻重量（见图 4-146）。

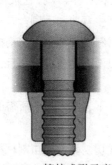

图 4-145　铆接成形示意图

图 4-146　护理床焊接成形

焊接能够产生比用胶黏结更强的连接。这种方法可用于除铝和不锈钢之外的所有模型金属部件的制作中。不过，它也比其他方法更为复杂，需要一些特殊的设备。当两个金属部件间的连接需要很高强度或是在要黏结的两个部件之间不能提供足够的接触表面时，则应采用焊接。

要获得较好的焊接效果，工艺方法必须得当。表面必须小心地清洁干净，接着是按步骤进行打磨、清洁表面、对于清洁之后要焊接的表面不得用手再接触。

焊接剂只有在液态时才能在两个表面之间做连接。电烙铁的作用是加热表面使其足以熔化焊接物。

为了将最大的热量传送到连接处，电烙铁与焊接表面的接触时间应该足够长，这样才能使热能从电烙铁完全传送到所接触的表面上。

最后，必须使焊接剂在要焊接的表面间精确地流动。

如果满足上面所说的各项要求，焊接过程就相对比较简单而容易成功。

焊接的步骤如下：

（1）放置好要连接的部件，用相应的夹具(C 型夹、木夹子)将其夹持住。

（2）在彻底清洁后的金属表面上，用牙签或小刷子在两个表面上涂上一些焊接剂。用电烙铁带上焊料，先确定热量是否合适，要看电烙铁与表面接触时焊料是否融化成液体，且融化而成的液体应该能够均匀地流动到表面上，这样就能使焊接的点均匀而且面平顺。如果焊接料在电烙铁接触时融化，而在其接触到焊接表面时固化，则电烙铁的热量不够，这大多是因为电烙铁的功率不足。如果焊接剂会形成小珠子而滚动。则说明部件表面并不清洁，或是这种金属不适合焊接，如铝或不锈钢。

（3）让连接点冷却几分钟，用海绵擦拭这个区域，清除残留的酸，用手纸将其擦干。用小锉刀去除过多的焊接料，但要小心不要因为锉削太多的材料而损坏焊接点。

4）胶接

对金属的粘接相对于整个制作过程来讲，是件比较困难的事。由于金属是表面相对光洁的材料，与木材和纸张相比，能应用于金属表面黏结的胶类品种比较少。而且金属的重量大，给黏结的部分带来很大的拉力，也增加了粘接的困难程度。

在粘结金属前，首先彻底清洁被粘接的表面是最重要的。金属表面留下的任何油迹或污点都会减弱黏结的强度。

清洁金属表面最好的方法是用三氯乙烯或类似的干洗剂产品。在通风良好的场所进行，因为这些物质具有易燃性，同时它们的气体对人体有害。

在对所有要黏结的表面去油污后，用 200 目的砂纸打磨一下，再用三氯乙烯清洁所有表面。在最后一次清洁表面后，不要再用手指去触摸，可用钳子或镊子来夹取这些部件。

黏结金属丝或小面积的金属板，这种黏结可能相当麻烦，因为两块金属的接触面非常窄，其作用就好像是杠杆，给连接点施加很大的压力。在这种情况下最好使用环氧树脂作黏结剂。

第一步是增加接触面积，一种解决办法是将金属线弯成两个直弯角，使金属丝在底座上能成直角站立。

对要黏结的表面进行打磨可达到较好的效果。金属的表面变得粗糙，粗糙的金属表面可使更多的胶附着在金属的表面上。

用固化剂混合环氧树脂，然后用一根小棒涂覆到金属板和金属丝的接触面上。最好是能在第一次粘接干燥后再施加第二次胶，以增强连接力。在急需或必须进行后续处理的模型结构中，使用快速固化的环氧树脂做第一次粘接，再用长时间固化的环氧树脂来增强。

如果固化反应在较高的温度下进行，环氧树脂固化比较快。粘接力也比较强。为了达到加快固化的目的，可放在烤箱中进行干燥。也可在靠近粘接处放一个灯泡，灯泡产生的热会提高连接点的温度，同时达到加快固化的目的。

4．表面整饰

（1）底漆和颜料。从原则上讲，在所有金属的表面上颜色前都应该上底漆。上底漆的目的是保护金属，可以对必须放置在室外的金属制品起到不受腐蚀的作用，增加涂料对金属表面的附着力。但这些目的对于模型制作都不适用，由此对于金属模型的表面装饰来说，底漆可不必使用。

（2）喷罐漆（手工刷漆）。可以对金属部件的表面直接进行喷涂。

（3）仿镀铬。金属在模型制作中用于表现产品结构或表现金属的部件，都可以进行仿镀铬或上色整饰。

用相对粗糙的砂纸(200 目)打磨金属，然后再用较细的砂目(600 目)再打磨一下。在表面打磨光亮时，不要再用手去触模。用有光泽的整饰漆来做光泽。即可达到仿镀铬的效果，同时上透明的涂料来保护金属短时间内不被氧化也是必要的。

（4）颜料。要给金属上色，重要的是金属必须清洁干净，在上色之前不必涂底漆。在上色前的工序类似于胶粘和焊接中的清洁工序，用 200～300 目的砂纸打磨表面，用三氯乙烯除去表面的油脂，然后开始喷刷漆料。不必在涂层之间进行打磨，让第一层完全干燥后就可喷下一层。因为金属不吸收颜料，因此流淌的现象会比木材更为严重。为了避免这种现象，每一层都要喷得很薄。由于金属没有纹理需要覆盖，通常喷三、四层漆就足够了。

本小节主要介绍了金属的种类与特性，不同的金属材料都有不同的使用性能和工艺性能，我们应根据模型的需求选择金属材料，在满足产品模型的结构与功能的同时，也发挥了材料最大的性能，实现了物尽其用。

和其他模型一样，金属模型的制作也需要不同的工具设备，但与其他模型制作不同的是金属模型的制作是机械化与手工化的结合，而且它比任何一种材料的模型制作更需要机械设备，所以大家在进行金属模型的制作时要考虑清楚，自己是否能够得到机械设备的使用权，不要因为这个而导致模型的制作半途而废。

金属模型的制作分为塑性加工、切割加工、连接工艺和表面处理工艺。塑性加工和切割加工是实现金属材料达到所需要求的两种途径，在实际的模型制作过程中，要正确地选择这两种方式，考虑制作时的难易程度以及制作成本等。在一些工厂中，铆接和焊接是金属连接的主要方式，它们各有各自的优缺点，在制作时一定要综合考虑以选择出合适的连接方式。而学校的模型教学课程中，金属的连接方式主要是胶接和螺纹、螺栓、螺钉连接，因为这两种方式简单容易，适合学校的情况，但也存在不足之处，特别是胶接的金属构件容易分开等。

金属模型制作的最后一步就是表面处理工艺，打磨金属件的不平整地方使其光滑平顺，以达到最终的模型制作的效果。

4.7.3 金属模型制作实例——金属欧姆钉手板

要求：制作 1:1 的金属欧姆钉手板，使之与订书机相适应。

分析：前面已经介绍了欧姆订书机模型的制作过程，而金属欧姆钉手板是与欧姆订书机配套使用的。因此，进行金属欧姆钉手板的制作必须要与欧姆订书机联系在一块，通过金属订书机模型测量欧姆钉的大小、形状、安放位置等，从而达到配套使用的目的，不至于制作出的欧姆钉手板不能在订书机上使用，造成资源的浪费。

考虑到欧姆钉必须起到固定和穿透纸质等材料的功能，所以选择的金属材料不能太软。而且欧姆钉的大小和形状不适合手工裁剪，最好选择冲压成形的方法进行制作，得到欧姆钉粗模。

要想得到光滑平顺的欧姆钉模型，必须进行喷砂处理。喷砂是采用压缩空气为动力，以形成高速喷射束将喷料（铜矿砂、石英砂、金刚砂、铁砂、海砂），高速喷射到需处理的工件表面，使工件外表面外表或形状发生变化，获得一定的清洁度和不同的粗糙度，从而改善工件表面的机械性能，增加了它和涂层之间的附着力，延长了涂膜的耐久性，也有利于涂料的流平和装饰。

将喷砂得到的欧姆钉模型进行塑性弯折使之符合欧姆订书机所需的形状,这基本上完成了欧姆钉模型制作的分析,然后一步步将金属欧姆钉手板制作出来,与之前的订书机配套使用。

金属欧姆钉手板金属模型的制作步骤如下:

(1)用建模软件绘制出欧姆钉的三维模型(见图 4-147～图 4-149),以便于实物模型的制作,并作为后期实物模型的检验标准。

  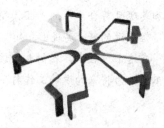

图 4-147 欧姆钉的三维模型效果图　图 4-148 欧姆钉手板效果图　图 4-149 不同颜色的欧姆钉效果图

(2)画出欧姆钉的三视图,标好尺寸,并在金属板上刻划出欧姆钉的外形尺寸。用切削工具(自己使用最熟练地切削工具)按画好的尺寸线剪切下来,按此方法得到所需要的欧姆钉粗模(这里采用的是冲压成形的方法制作而成),如图 4-150 所示。

(3)在欧姆钉粗模上进行喷砂处理,以提高工件的抗疲劳性,增加它和涂层之间的附着力,延长涂膜的耐久性,也有利于涂料的流平和装饰。喷砂后的欧姆钉模型如图 4-151 所示。

(4)检查欧姆钉是否符合要求,若不符合则要进行手工修整,如去毛刺、欧姆钉微形变量的校正等。

(5)将上面得到的模型进行折弯以到达所需欧姆钉的最终形状,如图 4-152 所示。

(6)进行打磨处理。

(7)将所得到的各个欧姆钉用胶粘接起来,就完成了欧姆钉手板模型的制作,效果如图 4-153 所示。

图 4-150 欧姆钉粗模

图 4-151 喷砂后的欧姆钉模型

图 4-152 折弯后的欧姆钉模型

图 4-153 欧姆钉手板

小　结

　　本章分别介绍了黏土油泥模型的制作、石膏模型的制作、泡沫塑料模型的制作、塑料模型的制作、纸质模型的制作、木模型的制作和金属模型的制作。各种材料的模型都有不同的加工工艺和制作技巧，我们所要做的是在模型制作的实践中体会模型制作的技巧和注意事项，从而制作出更加美观且符合要求的产品模型作品。

　　俗话说的好"实践出真知"，当实践量得到了一定的积累，就能更好地掌握模型制作的有关技巧。在这个过程中，我们也应该培养自己设计产品的严谨态度，并要进一步认识产品设计的材料与工艺，为将来的设计工作打下坚实的基础，以达到产品造型设计职业标准的相关要求。

实践课题一

塑料模型制作工艺与技巧学习

　　内容：选择合适的塑料材料制作一款电话机座机的模型，要求设计新颖，制作原尺比例模型，表面光滑平顺，造型美观。

　　要求：将自己在制作过程中的体会写成电子版格式，并与自己制作的模型放在课堂上探讨交流。

实践课题二

石膏模型制作的工艺与技巧学习

　　内容：选择一款产品，使用石膏材料来制作选择的产品模型，要求按选择产品的大小制作适合比例的模型，造型美观。

　　要求：将自己在模型制作中的体会和感悟写成电子版格式，并与自己制作的石膏模型于课堂上分析交流。

实践课题三

汽车油泥模型制作的工艺与技巧学习

　　内容：选择一款汽车，使用油泥材料来制作选择的汽车模型，要求按选择产品的大小制作适合比例的模型，造型细致、美观。将班级的成员分组，大约 4～6 个人一组，由每个小组的成员共同完成模型的制作。

　　要求：将自己在制作过程的体会与心得整理并写成电子版格式连同制作好的模型，在课堂上探讨交流，共同促进。

第 5 章　玻璃钢模型制作技法

【学习目标】

- 掌握玻璃钢产品模型的特性及使用范围;
- 掌握玻璃钢产品模型制作的基本程序与方法;
- 掌握玻璃钢产品模型制作需要的基本技能;
- 能独立设计并制作简单产品的玻璃钢模型。

【学习重点】

- 石膏或者其他材料模具的设计与制作;
- 玻璃钢翻制方法。

5.1　玻璃钢模型概述

以玻璃纤维和合成树脂为材料制作而成的玻璃钢模型,具有一定强度,不易变形,表面易涂,通常整体成形,但制作工艺烦琐,表面不易打磨修整,适用于设计方案确定后的模型制作。图 5-1 所示为汽车玻璃钢模型,图 5-2 所示为树脂材料。

图 5-1　汽车玻璃钢模型

图 5-2　树脂材料

1. 玻璃钢的特性

玻璃钢,又称为玻璃纤维增强塑料,是以合成树脂(环氧树脂、不饱和聚酯树脂、酚醛树脂)为粘合剂,玻璃纤维为增强材料,经成形加工而得的树脂复合材料。

玻璃纤维材料的加入增强了树脂的力学性能和其他性能,使玻璃钢具有优良的综合性能。常用的树脂有不饱和聚酯树脂、环氧树脂、酚醛树脂等。

玻璃钢的重量轻，密度在 1.6～2.0 g/cm³之间，只相当于钢的 1/4～1/5，比铝还要轻，其机械强度是塑料中最高的，某些性能已达到普通钢的水平，这主要是由于合成树脂（以环氧树脂为例）对各种物质具有优异的粘接性能，固化性能稳定。

玻璃钢质轻、坚硬，具有较高的机械强度，其耐腐蚀性、绝热性和电绝缘性良好，可采用手糊成形、喷涂成形、缠绕成形、模压成形等方法加工成形，适用于制作大型的模型，一般不适宜制作小型、精细的模型。与常用的金属材料相比，它还具有如下的特点：

由于玻璃钢产品可以根据不同的使用环境及特殊的性能要求，自行设计复合制作而成，因此只要选择适宜的原材料品种，基本上可以满足各种不同用途产品对性能的要求。因此，玻璃钢材料是一种具有可设计性的材料品种。

玻璃钢产品，制作成形时的一次性，是区别于金属材料的另一个显著的特点。只要根据产品的设计，选择合适的原材料铺设方法和排列程序，就可以将玻璃钢材料一次性地加工完成，避免了金属材料通常所需要的二次加工，从而可以大大降低产品的物质消耗，减少了人力和物力的浪费。

玻璃钢材料还是一种节能型材料。若采用手工糊制的方法，其成形时的温度一般在室温下，或者在 100℃以下进行，因此它的成形制作能耗很低。即使对于那些采用机械的成形工艺方法，例如模压、缠绕、注射、RTM、喷射、挤拉等成形方法，由于其成形温度远低于金属材料及其他的非金属材料，因此其成形能耗可以大幅度降低。

表 5-1 所示为几种玻璃钢性能特点比较。

表 5-1　几种玻璃钢性能特点比较

玻璃钢类型	性 能 特 点
酚醛树脂玻璃钢	耐热性高，可在150℃～200℃温度下长期工作，价格低廉，须在高温高压下成形，收缩率大，吸水性大，固化后较脆
环氧树脂玻璃钢	机械强度高，收缩率小（<2%），尺寸稳定性和耐久性好，可在常温下固化，成本高，某些固化剂毒性大
不饱和聚酯玻璃钢	工艺性好，可在常温下固化成形，对各种成形方法具有较广的适应性，能制造大型异形构件，但耐热性较差（<90℃），机械强度不如环氧玻璃钢，固化时体积收缩率大，成形时气味和毒性较大
有机硅树脂玻璃钢	耐热性高，长期使用温度可达200℃～250℃，具有优异的憎水性，耐电弧性好，防潮绝缘性好，与玻璃纤维的粘结力差，固化后机械强度不太高

2. 玻璃钢的分类

玻璃钢又可分热塑性玻璃钢和热固性玻璃钢两种。

1）热塑性玻璃钢

热塑性玻璃钢是以玻璃纤维为增强剂和以热塑性树脂为黏结剂制成的复合材料。制作玻璃纤维的玻璃主要是二氧化硅和其他氧化物的熔体。玻璃纤维强度高，耐高温，化学性能好，电绝缘性能也较好。用作粘接材料的热塑性树脂有尼龙、聚碳酸酯、聚烯烃类、聚苯乙烯类、热塑性聚酯等，其中以尼龙的增强效果最为显著。

热塑性玻璃钢同热塑性塑料相比，当二者基体材料相同时，强度和疲劳性能可提高 2～3 倍以上，冲击韧性提高 2～4 倍（与脆性塑料比），蠕变抗力提高 2～5 倍，达到或超过了某些金属的强度。例如，40%玻璃纤维增强尼龙的强度超过了铝合金而接近于镁合金的强度。因此，可以用来取代这些金属。

2）热固性玻璃钢

热固性玻璃钢是以玻璃纤维为增强剂和以热固性树脂为黏结剂制成的复合材料。通常将热固性玻璃钢简称玻璃钢。热固性树脂常用的为酚醛树脂、环氧树脂、不饱和聚酯树脂和有机硅树脂4种。酚醛树脂出现最早，环氧树脂性能较好，应用较普遍。

热固性玻璃钢主要有以下特点：

（1）有高的比强度。

（2）具有良好的电绝缘性和绝热性。

（3）具有较强的稳定性。

（4）根据需要可制成半透明或特别的保护色和辨别色。

（5）能承受超高温的短时作用。

（6）方便制成任意曲面形状、不同厚度和非常复杂的形状。

（7）具有防磁、透过微波等特殊性能。

3．玻璃钢的缺陷

玻璃钢的不足之处也比较明显。其弹性模量和比模量低，只有结构钢的 1/5～1/10，刚性较差。由于受有机树脂耐热性的限制，在长期平衡受热结构中，目前一般还只有在 300℃ 以下使用。

玻璃钢是用纤维或布作为增强材料，所以它有明显的方向性，玻璃钢的层间强度较低，而沿玻璃钢径向的强度高，在同一玻璃钢布的平面上，经向的强度高于纬向的强度，沿 45° 方向的强度最低，因此玻璃钢是一种各向异性的材料。此外玻璃钢还有易老化和易产生蠕变等缺点。

环氧树脂为热固性塑料，本身不能固化，必须加入固化剂（一般使用胺类固化剂）后才能形成交联结构的固化物。

凝固后的环氧树脂具有较高的粘接强度，固化时收缩性小，其收缩率为 0.5%～1.5%且不易变形。不足之处是相对制作成本高，某些固化剂有一定毒性，难于修改、打磨、修整，制作工艺烦琐。

4．玻璃钢模具

要将黏稠可流动的树脂与具有质感的玻璃布加工成所需的形态，需将其放入模具中使之成形，所以模具的制作是玻璃钢（模型）制品成形的基础，直接决定着玻璃钢模型（制品）的制作质量。

（1）阴模。在原有模型翻制玻璃钢材料的制作中，阴模是最常用的模具形式，阴模的作用面向内陷，常用于制作表面要求光滑和尺寸精度较高的制品。在工业设计中玻璃钢材料的模型制作常用阴模来翻制设计作品。

（2）组合模具。基于原有模型结构、复杂的曲面或者为了脱模的方便等原因，常将模具分成几个部分制造，然后拼装而成，这种模具称为组合模具。分割组合强调模型分割结构线的科学合理、组合后的后期糊制工艺的方便以及固化后脱模的方便。

（3）模坯与母模。各种原材料的产品模型称为模坯。对模胚进行加工处理后翻制成玻璃钢简易模再进行糊制，出来与产品模型形态相同的称为母模。一般玻璃钢产品批量生产的工艺要求需要在母模基础上再进行玻璃钢模具的二次翻制后用于生产。如果玻璃钢材质模型应用要求特别高，或复制数量较多时，就需要进行母模的细化处理与高质量的玻璃钢模具制作工艺。

5．玻璃钢材料模型适用条件

（1）在制作玻璃钢模型前必须有其他各材质的模型或实物，用于翻制玻璃钢模具的前提条件是先有实体。

（2）有小批量制作该模型的需要。

（3）以玻璃钢为材料代替物进行产品小批量试生产。

（4）设计产品的本身材质就是玻璃钢制品。

（5）制作大型产品模型，且要便于运输、展览等。

（6）产品模型中需置入其他元件、材料的实体模型壳体。

只要符合以上条件需要，才有在现有其他模型材料上制作玻璃钢材料模型的实际意义。特别是在交通工具的壳体部分、游艺玩具、工艺类产品等大型模型制作应用上，玻璃钢材料模型的应用较为广泛。

5.2　玻璃钢模型制作工具及原材料

1．玻璃钢模型制作常用工具

（1）剪刀。用于玻璃布的裁剪。

（2）平刷。平刷即猪毛漆刷，用于玻璃钢模型产品的糊制，一般常用尺寸有 0.5 英尺（1 英尺 =30.48 cm）、1 英尺、1.5 英尺。刷子用途较广，属易损易耗工具。

（3）橡皮刮刀。橡皮刮刀用于赶刮玻璃布上的多余树脂，使树脂迅速分散，驱散其中的空气泡沫。也在玻璃钢制品的表面处理、修补中与钢制刮刀一起用于赶刮泥子。

（4）烘灯。可选用 800 W 左右的烘灯，主要用于冬季低温时的烘烤以促进其加速固化。

（5）打磨工具。主要指锉刀、角向磨光机、砂皮等工具，通常用于玻璃钢模型废边、边缘的切割与表面磨制，表面处理选用金钢砂标号 300～400 号，或高标号水砂纸配合进行细磨。

其他应该准备的工具还包括各种容器、量杯、称量工具、钻孔工具、螺栓、螺帽、玻璃纸等。

2．玻璃钢模型制作常用原材料及配比

常用原材料包括不饱和聚酯树脂、玻璃纺织方格布、促进剂、固化剂、胶衣、模具胶衣、脱模蜡等材料。

（1）基体材料（树脂）配料（室温 25℃）。不饱和聚酯树脂 100%；促进剂 1.5%～2%；固化剂 2%，在温度低时适当增加固化剂量。

（2）泥子配料。树脂适量、滑石粉适量，进行调和配置成黏稠状，使用时再加入适量固化剂调和。用于玻璃钢制品的表面修补。

（3）模坯表面翻制模具配料。用树脂、滑石粉少量，进行调和配置成黏稠状，使用时再加入适量固化剂调和刷在模坯表面，与泥子相比较稀、流性较大。也可以用模具胶衣刷在模坯表面。

（4）玻璃钢制品脱模材料（见图 5-3）。可选用汽车蜡在玻璃钢模具内部表面均匀涂搓 1～2 遍。

（5）玻璃钢方格布（见图 5-4）。表面层选用较细的 0.18 密（0.06～1 mm）细布，内层选用 0.4 密的粗布。

图 5-3　玻璃钢脱模剂　　　　　　　图 5-4　玻璃钢方格布

5.3　玻璃钢模型制作工艺

1. 手工糊制

在玻璃钢模型制作中，常用的成形方法为手糊成形，其特点是工艺简单、操作方便，不需要专用设备，适用性强，制作的模型不受形状和尺寸限制，但制品精度低，劳动条件差、效率低。

手糊成形是以手工作业为主，在涂有脱模剂的模具上均匀地刷树脂液，再将按要求剪裁成一定形状的片状增强材料（如纤维增强织物）铺贴到模具上，然后再涂刷树脂，再铺贴增强材料，如此反复直至达到所需厚度和预定形状，固化后，脱模即可得到薄壳状制品。成形时要求铺贴平整、无皱折，涂刷树脂要均匀浸透织物层并排出气泡。

在刷涂树脂液之前，应先刷涂胶衣。胶衣是用于玻璃钢复合材料制品表面的一个涂层，为制品提供一个保护层，提高制品的耐候、耐腐蚀、耐磨等性能，并给制品以光亮美丽的外观，它对制品增强性能和改善外观起到双重作用。因此，选用高质量的胶衣和正确的应用对玻璃钢复合材料制品来说是很关键的。胶衣按品质高低和使用要求不同来分，大致可以分为以下几种类别：邻苯型胶衣、间苯型胶衣、邻苯—新戊二醇型胶衣、间苯—新戊二醇型胶衣和乙烯基酯型胶衣。

胶衣是一种混合物，在胶衣中基体树脂的比例最大，占 70%～80%，基体树脂的结构赋予最终制品表面机械强度、光亮度、耐化学性和柔韧性，所以影响胶衣质量的最关键的因素是基体树脂的质量。因此要生产好的胶衣一定要选用好的胶衣专用基体树脂，特别关键的是要看几个指标：断裂延伸率、热变形温度和吸水率。

模具胶衣手刷或喷涂完成后，接下来就是增强层的糊制，为了保证模具胶衣的性能得以体现和完全发挥，在糊制增强层以及模具完工后进行处理时也应该注意几个地方。因为模具胶衣和后铺层是相辅相成的，后铺层是为模具胶衣层服务的。

玻璃钢模具的厚度一般是制品厚度的 2～3 倍，在糊制过程中，应分多次成形，避开放热峰，降低收缩率，一般来讲，次数越多，收缩率越小。同时纤维应注意毡布结合，搭配使用，毡厚度增加的快，布的强度高。如需用加强筋，筋的形状必须契合轮廓外形，加强筋的目的是使外部力量平均传递到模具表面，阻止模具的表面变形。模具胶衣产生裂纹的最基本原因就是模具的变形，正因为如此，设计一刚性模具结构将会大大地阻止胶衣的开裂。

糊制增强层时应选用专门的模具树脂，模具是否变形，主要取决于所用模具树脂的收缩率，若选择固化收缩率小的树脂，应使其缓慢固化，而后完全固化，这是制得一个质地良好的玻璃钢模具的重要因素。模具树脂的选用原则：固化收缩率小、富有韧性、适宜操作的粘度、良好的耐热性和足够的强度，目前用得比较多的是间苯型树脂或改性的乙烯基酯树脂。

糊制是手工工艺的主要环节，不管在玻璃钢模具还是玻璃钢制品的制作中都比较重要。在手工糊制过程中，应注意以下几点：

（1）待模坯或模具的表面层胶衣或树脂配料初凝时，应立即铺层糊制。

（2）玻璃布之间的接缝应相互错开，一般搭缝宽度不小于 50 cm，有的方法是搭接布的 1/2。受力处，可增加布层，但布的尺寸要由小到大。凡是棱角处要尽量不在此处搭接，这些都要在成形前就要考虑周到。每次铺层，不得同时铺两层以上的布。

（3）增强材料的铺覆，则玻璃钢两个方向上的力学性能相同。要想玻璃钢各向同性，则需要用毡作增强材料，多角度缝合毡最理想，或将布作 0°、45°、90°、135°、0° 依次铺覆即可。另外要考虑纤维的连续性。在受拉力方向上要尽量使纤维连续，甚至使用单向纤维增强或使用单向布。

（4）含胶量。用方格布时，含胶量控制在 50%～55%；用毡时，控制在 70%～75%。最好逐层计量，树脂定量使用。

（5）涂制工具。常用工具前面已经介绍过，大面积产品使用毛辊效果较佳，在转角处及小型产品，一般采用毛刷，毛刷的缺点是容易造成玻璃纤维曲折，影响强度。

（6）为了提高产品的刚度，有时在产品中埋入加强筋。应在铺层达到 70% 以上再埋入，这样不至于影响表层质量。埋入件不论是金属（聚酯中避免用铜）、木材还是泡沫塑料，都要去油、洗净。为防止位移，应稍加固定。

（7）糊制时用力沿布的经向和纬向，朝一个方向赶气泡，或从中间向两头赶气泡。使布层紧贴，含胶量均匀。

（8）遇到直角、锐角、尖角，又不能改变原设计时，可在这里填充玻璃纤维加树脂，用聚酯加滑石粉按 1:1 的比例拌成泥子，然后用玻璃钢圆弧状刮板将泥子刮到交角里。

2. 固化

固化是各类玻璃钢制品必不可少的阶段，因为固化程度越高，其硬度越大。目前手糊玻璃钢脱模时间不应少于 24 小时，也可在 60℃～80℃ 下处理 2～3 个小时以缩短脱模时间。

3. 脱模

脱模是将制品从模具中分离的过程。脱模对手工工艺至关重要，若不慎会导致已加工的产品毁坏。为此，脱模时应注意以下几点：

（1）脱模前应将模具边缘的玻璃钢毛边、树脂残留处理干净，以便于顺利脱模。

（2）脱模时不能硬敲，应根据模具形状结构因势利导。即使需要槌打，也只能用木槌或橡皮槌。

（3）脱模时应注意防止玻璃钢制品表面划伤。

4. 后期加工与表面处理

后期加工与表面处理是整个玻璃钢制作过程中的最后工序。

（1）对于玻璃钢白坯的加工。可借助于各种工具进行铲、锯、削、钻、磨等加工处理手段，以达到需要的形态、功能。

（2）表面上漆处理。上漆前首先对制品表面的划痕、气泡等不完整处进行泥子的修补与平整，待干透固化后进行打磨，然后按上漆工艺进行：打毛→刷红灰底漆→水磨→打底漆→喷涂上漆（聚氨酯漆或硝基漆）。也可配合其他工艺进行玻璃钢材料表面金属化处理。

5.4　玻璃钢实物模型制作——圆形花盆

要求：以环氧树脂为基料，以玻璃纤维布为增强材料，制作 1:1 的圆形花盆设计模型，模型具有一定的强度，表面要求平整光滑，喷漆装饰。

分析：圆形花盆设计模型分为主体外壳、主体内壳、太阳能板架和湿度显示计及灯罩五部分进行模具生产。主体外壳和主体内壳的结构大体相同，因此制作方法相似，都可以采用石膏翻制玻璃钢的方法，在这个过程中，注意分模线的选取。最后将各个部分组装在一起，完成圆形花盆设计模型的制作。

以下是花盆的制作流程：

1. 制作前的准备

在确立方案之后，要做出精确的 CAD 图样，现在问题是，做产品设计的时候往往不能按照要求给出一份合适的尺寸图、三视图等，这样就导致生产前期，做模具时需要进行一系列地讨论，从而才能了解整个产品的尺寸。所以说设计小组需要十分全面地提供产品的设计尺寸，当然这其中需要设计师有熟练的 AutoCAD 能力，这是模具做好的第一步。

2. 母模制作

1）制作刮板

进行刮板的制作同样需要精确的图样计算。对于回转体的制作，只须制作内外壳两块具有对半形开槽的刮板即可，刮板的负形凹槽面需要制作精确，然后把型板的中心与为轴的旋转器靠紧。其中刮板的制作是整个过程的重点，和母型在整个模具制作中的地位一样，刮板的精细程度直接决定了石膏母型的表面光洁度。图 5-5 所示为刮板三视图，图 5-6 所示为根据三视图划线、切割刮板并打磨。

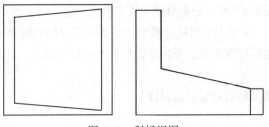

图 5-5　刮板视图

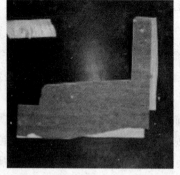

图 5-6　根据三视图划线、切割刮板并打磨

2）石膏旋转成形

母模制作是制作模具的关键和前提，其制作工序中的所有缺陷，都会直接"拷贝"到成形模具上，用它制作的制品，全都会重复这种缺陷。因此，制作母模应注意以下问题：

（1）为确保制品的性能，在形状和尺寸上应该精确地进行制作。

（2）母型应该坚固，足以承受翻制玻璃钢模的收缩力。

（3）应事先在母型基座上设定基准点，以使尺寸能正确而又容易地进行核对。

（4）应事先充分探讨脱模方法，在母型工序中就安排好切割边界的设置方法、脱模斜度、做成分块模的合模方式。

图 5-7　在拉胚机上放是粗制形体

对拉胚机（旋转控制台）进行清理，用泡沫制作出一个比较合适的小的粗制形体，方便石膏在其上凝固，用双面胶将其固定在拉胚机正上方，如图 5-7 所示。

石膏的活制和浇制方法如下：

（1）石膏的活制。石膏旋转成形的第一步是进行石膏浆的调制，石膏的调制时整个旋转成形过程的基础，具体调制方法如下：先用盆子盛大半盆水，然后取出石膏粉，均匀地放入水中，加至与水面持平或略多。搅水或用手伸入盆底慢慢搅动，使石膏粉与水均匀调和即可使用。

（2）石膏的浇制：

① 调合适量的石膏浆，顺注浆口一侧面缓缓倒入，切不可猛地倒入模内影响成品质量。

② 双手捧着模型摇晃转动，使石膏浆从底部呈螺旋状流淌滚动至模口，将余浆倒出，这样模内每一部位都能较均匀地附着一层石膏浆。照此方法再浇灌 2 到 3 次，模厚度就达 1～1.5 cm，颈部以下可适当厚一点，以免头重脚轻，摆放不稳。

③ 后期石膏快要成形的时候，记住根据少量多次的原则，用手将石膏轻轻抹在一些小孔处。

④ 石膏活制完成后，慢慢浇注到拉胚机上，在浇注石膏的同时要不断转动刮板，每浇筑完一次，就需停顿片刻。这样反复多次，每次石膏都增加一定的厚度，直到石膏能被旋转地刮板刮除多余石膏。

图 5-8 所示为不同角度的石膏母模旋转体。

图 5-8　不同角度的石膏母模旋转体

3. 玻璃钢模具翻制

（1）制作挡板。为了方便翻出半个玻璃钢模型，需要制作一个挡板。制作挡板的过程和制作刮板的过程一样，需要精细的测量。制作完成后，需要用锉对挡板内侧进行打磨，使之平滑，不易划伤石膏模型。

由于用 PVC 板制作的挡板柔韧性强（见图 5-9），所以挡板需要在反面用木板加固（见图 5-10），然后通过支撑使挡板这个平面恰好过石膏的中心线。同时在翻玻璃钢之前，拉胚机周围的地面上需要铺上一层薄塑料板和洒上一些水，以免玻璃钢滴落在地板砖上不易脱去。

图 5-9　PVC 材料挡板　　　　　　　　　图 5-10　用木板加固挡板

固定好之后，桌子、挡板、拉胚机、石膏等成为了一个整体。不能晃动它们中的任何一个。然后对挡板与石膏之间的缝隙进行填补，保证翻玻璃钢的时候，玻璃钢不会渗到另一边。

（2）母模脱模处理。在正面一侧的石膏表面刷脱模剂（见图 5-11），脱模剂干后再刷一次。脱模剂的涂刷主要有以下几个用途：

① 在母模与玻璃钢模具之间形成隔离层，便于玻璃钢的脱模处理。

② 保护母模表面，延长模板的使用寿命。

待脱模剂待固化后，去掉挡板，如图 5-12 所示。

图 5-11　刷涂脱模剂　　　　　　　　　图 5-12　去掉挡板

（3）玻璃钢模具翻制。在给母模刷好脱模剂并涂抹均匀后，母模的表面便非常光洁，下一步关键就是涂刷模具胶衣。将模具专用胶衣用毛刷分两次涂刷，涂刷要均匀，待第一层初凝后再涂刷第二层。胶衣层总厚度应控制在 0.6 mm 以内。在这里要注意胶衣不能涂太厚，以防止产生表面裂纹和起皱。

待胶衣初凝，手感软而不粘时，将调配好的环氧树脂胶液涂刷到经胶凝的模具胶衣上。等玻璃钢固化后，用小铲等工具使玻璃钢与挡板分离。分开后，用毛刷对石膏表面进行清理（见图 5-13）。清理干净之后，用同样的方法，在另一侧翻出玻璃钢模具（见图 5-14）。

在两侧玻璃钢模具都固化后，用螺钉固定好两边，其目的是再次翻玻璃钢模具的时候，不会因为松动产生不必要的误差。具体实施过程中，先选好合适的钻头，然后用钻头打孔。打孔的过程其实也方便了脱模。然后取下螺钉、螺帽。用剪刀减去玻璃钢模具周围细小的纤维毡（见图 5-15）。

图 5-13　用毛刷对模型表面进行清理　　　　图 5-14　翻制另一侧的玻璃钢模具

  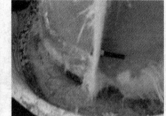

图 5-15　打孔、修剪玻璃钢模型

清剪完后，就要进行脱模的过程了。在脱模时,严禁用硬物敲打模具,尽可能使用压缩空气断续吹气，以使模具和母模逐渐分离。脱模之后，考虑到由于受力的作用，玻璃钢可能发生变形，于是需要用几块泡沫支撑起来，放在一边晾晒（见图 5-16）。

为了翻出光滑的外壳玻璃钢模具，我们对已经翻出来的模具的内侧进行了细致打磨，然后再用清水将内侧面清理光滑。晾在一旁晒干后，又用原子灰将内侧面的一些凸凹不平处抹光滑，以保证翻出来的外壳磨具足够光滑。然后放一旁晾干就好了（见图 5-17）。

图 5-16　将脱模后的模型放在泡沫塑料上晾干

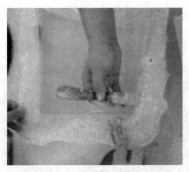

图 5-17　玻璃钢表面修整

（4）玻璃钢产品翻制。首先做的准备工作是将之前翻出的外壳模具内侧打蜡，要涂抹均匀，不宜过厚。因为在原料反应过程中，产生的热量会导致蜡融化，过多的蜡可能导致模具受损。然后开始刷脱模剂（见图 5-18），在打蜡后，脱模剂不容易刷得均匀，因此，刷时要耐心，隔一小会刷一下，直到表面脱模剂开始有固化的迹象。

等到脱模剂干后，将两块模具合起来，用螺钉螺帽将其固定成一个整体（见图 5-19）。

图 5-18　刷涂脱模剂　　　　　　　　图 5-19　用螺钉将两块模具合在一起

接着开始翻玻璃钢模具。需在透风性良好的地方，以防中毒。翻出后进行晾晒，当玻璃钢固化之后，即可进行模具的拆卸，拆卸过程中注意不要碰触到产品表面。图 5-20 所示为刷涂玻璃钢液，图 5-21 所示为外壳脱模成形。

图 5-20　刷涂玻璃钢液　　　　　　　　图 5-21　外壳脱模成形

用同样的方法翻制圆形花盆内壳的模具（见图 5-22），这里不做介绍，得到图 5-23 所示的花盆内壳。

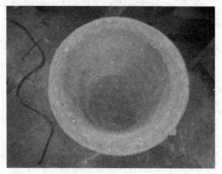 

图 5-22　内壳脱模成形　　　　　　　　　　　　图 5-23　翻模成功的花盆内外模

这样，圆形花盆模具制作的过程基本上完成了，接下来的过程就是上漆、附光栅、湿度计安装、太阳能板安装、蓄电池安装等，最后产品组装完成，如图 5-24 所示。

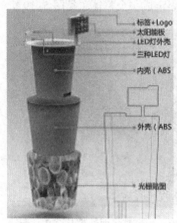  

图 5-24　组装完成的圆形花盆模型

小　结

本章详细地介绍了玻璃钢模型制作的有关理论知识，并由圆形花盆设计模型这一实例，形象生动地介绍了玻璃钢模型的制作工艺和制作时的技巧及注意事项。

根据在课堂上的实践过程，在玻璃钢的调制时应该注意几个问题，一个是在合成树脂中加入催化剂与固化剂的顺序为：先加催化剂，再加固化剂；另一个是应该通过加入固化剂的量来控制玻璃钢的固化时间，但是由于加入固化剂后会产生化学反应而放热，从而导致收缩和变形，因此加入固化剂的量要适中。

玻璃钢制作过程中会有刺激性气体产生，因此要注意防止室内空气刺激性气体浓度过大而发生事故。在制作玻璃钢模型的过程中，应该注意的问题有很多，因此应该带着发现问题的眼光来进行模型制作的实践。

实 践 课 题

玻璃钢模型制作工艺与技巧学习

内容：选择合适的产品制作玻璃钢模型。要求设计完整的流程，顺序制作阳楼、阳模、最终成形。将班级的成员分组，大约 4～6 个人一组，由每个小组的成员共同完成模型的制作。

要求：将自己在制作过程的体会与心得整理并写成电子版格式，连同制作好的模型，在课堂上探讨交流。

第 6 章 产品模型制作新技术——快速成形技术

【学习目标】

- 了解快速成形技术的原理及特点和意义；
- 掌握快速成形的四种基本方法并比较它们的异同；
- 了解当今快速成形技术的发展方向。

【学习重点】

四种快速成形方法的运用和比较，学会选择合适的快速成形方法完成产品模型的制作。

6.1　快速成形技术概述

快速成形（Rapid Prototype，RP）技术始于 20 世纪 90 年代，市场环境发生大变化，一方面表现为消费者需求日趋主体化、个性化和多样化；另一方面则是产品制造商们都着眼于全球市场的激烈竞争。面对市场不但要很快地设计出符合人们消费需求的产品，而且必须很快地生产制造出来，抢占市场。因此，面对一个迅速变化且无法预料的买方市场，以往传统地大批量生产模式对市场的响应就显得越来越迟缓和被动。快速响应市场需求，已成为制造业发展的重要走向。为此，近年来工业化国家一直在不遗余力地开发先进制造技术，以提高制造工业的发展水平，以便在激烈的全球竞争中占有一席之地。与此同时，计算机、微电子、信息、自动化、新材料和现代化企业管理技术的发展日新月异，产生了一批新的制造技术和制造模式，制造工程与科学取得了前所未有的成就。快速成形技术就是在这种背景下逐步形成并得以发展。快速成形技术的发展使得产品设计、制造的周期大大缩短，提高了产品设计、制造的一次成功率，降低了产品开发成本，从而给制造业带来了根本性的变化。快速成形是一种基于材料增加法的先进制造技术，它是光、机、电、软件、材料等多学科交叉为一体的高新技术，以 CAD 三维设计和逆向工程等技术为支撑，并结合其下游的快速模具技术共同组成快速成形制造系统。

6.2　快速成形原理及特点

6.2.1　快速成形原理

快速成形是一种离散/堆积成形的加工技术，其目标是将计算机三维 CAD 模型快速地转变为具体物质构成的三维实体模型。快速成形的基本过程是将计算机辅助设计的产品的立体数据（3D

Model ），经计算机分层离散处理后，把原来的三维数据变成二维平面数据，按特定的成形方法，逐点逐面将成形材料一层层加工，并堆积成形。过程如图 6-1 所示。

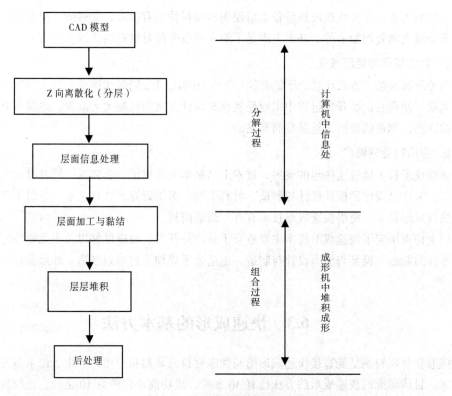

图 6-1　快速成形原理图

6.2.2　快速成形特点

快速成形技术是将一个实体的复杂的三维加工离散成一系列层片的加工，大大降低了加工难度，开辟了不用任何刀具而迅速制作各类零件的途径，并为用常规方法不能或难以制造的模型或零件提供了一种新型的制造手段。其特点如下：

1．制造快速

快速成形技术是工业工程中进行复杂原型或者零件制造的有效手段，能使产品设计和模具生产同步进行，从而提高企业研发效率，缩短产品设计周期，极大地降低了新品开发的成本及风险，对于外形尺寸较小、异形的产品尤其适用。

2．CAD/CAM 技术的集成

设计制造一体化一直以来是一个难点，计算机辅助工艺（CAPP）在现阶段由于还无法与 CAD、CAM 进行完全的无缝对接，这也是制约制造业信息化一直以来的难点之一，而快速成形技术集成 CAD、CAM、激光技术、数控技术、化工、材料工程等多项技术，使得设计制造一体化的概念得以完美实现。

3．完全再现三维数据

经过快速成形制造完成的零部件，完全真实地再现三维造型，无论外表面的异形曲面还是内腔的异形孔，都可以真实准确的完成造型，基本上不再需要再借助外部设备进行修复。

4．成形材料种类繁多

到目前为止，各类快速成形设备上所使用的材料种类有很多，如树脂、尼龙、塑料、石蜡、纸以及金属或陶瓷的粉末等，基本上满足了绝大多数产品对材料的机械性能需求。

5．创造显著的经济效益

与传统机械加工方式比较，开发成本上节约 10 倍以上，同时快速成形技术缩短了企业的产品开发周期，使得在新品开发过程中出现反复修改设计方案的问题大大减少，也基本上消除了修改模具的问题，创造的经济效益是显而易见的。

6．应用行业领域广

快速成形技术经过这些年的发展，技术上已基本上形成了一套体系，同时可应用的行业也逐渐扩大，从产品设计到模具设计与制造，材料工程、医学研究、文化艺术、建筑工程等都逐渐的使用快速成形技术，使得快速成形技术有着广阔的前景。

以上特点决定了快速成形技术主要适合于新产品开发、快速单件以及小批量零件制造、复杂形状零件的制造、模具与模型设计与制造，也适合于难加工材料的制造、外形设计检查、装配检验等。

6.3　快速成形的基本方法

随着新材料特别是能直接快速成形的高性能材料的研制和应用，产生了越来越先进的快速成形技术。目前研究的快速成形的方法已有 30 多种，成功商业化的有 10 余种，比较成熟常用的方法有 4 种。

1．液态光敏聚合选择性固化

液态光敏聚合选择性固化成形（Stereo Lithography Apparatus，SLA），又称立体印刷，是目前世界上研究最深入、技术最成熟、应用最广泛的一种快速成形技术方法。基本工作原理是借助 CAD进行所需原型的三维几何造型，产生数据文件并处理成面化的模型。将模型内外表面用小三角平面片离散化，每个平面片由片内 3 个顶点和一个指向体外的法向量描述，得到的数据便是目前快速成形制造系统普遍采用的、默认为工业标准的 STL 文件格式。

按等距离或不等距离的处理方式剖切模型，形成从底部到顶部一系列相互平行的水平截面片层，即通过计算机将面化模型剖切成系列横截面。利用扫描算法，对每个截面片产生包括截面轮廓路径和内部扫描路径在内的最佳路径。

同时在成形系统上对模型定位，设计支撑结构。切片信息及生成的路径信息作为控制型机的命令文件（SLI），并编出各个层面的数控指令送入成形机。分层越薄，生成的零件精度越高。液态光敏聚合选择性固化成形工艺稳定，成形精度较高，能制造精细的零件，表面质量好，可直接制造塑料件。但是 SLA 设备价格高，材料贵，紫外激光管寿命短，运行成本高，需设计支撑结构。

图 6-2 所示为 SLA 快速成形机，图 6-3 所示为 SLA 工艺过程。

2. 层合实体成形制造

层合实体成形制造（Laminated Object Manufacturing，LOM），又称分层实体制造，是一种分层叠加制造方法。其基本原理是以薄膜为材料，采用激光束按零件截面的轮廓线切割，然后把一层层具有不同截面的薄片粘接在一起，形成一个三维实体。层合实体成形制造技术有以下特点：设备价格低，使用寿命长；材料为涂有热熔树脂及添加剂的纸，成形过程中不收缩变形，强度高，几何尺寸稳定性好，可以像木材一样抛光，使用成本低，制件比 SLA 制件便宜；LOM 只需要切割断面轮廓，成形速度高，原型制造时间短，无须支撑设计；软件工作量小。但是 LOM 不适宜制造精细的零件、薄壳零件和形状复杂的零件。

图 6-2　SLA 快速成形机　　　　　　　图 6-3　SLA 工艺过程及模型

图 6-4 所示为 LOM 工艺过程。

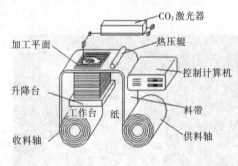

图 6-4　LOM 工艺过程及模型

3. 丝状材料选择性熔覆

丝状材料选择性熔覆成形（Fused Deposition Modeling，FDM），又称熔丝沉积制造，一般采用低熔点丝状材料，如蜡丝或 ABS 塑料丝，在喷头以内以电加热的方式即可将丝状材料加热到熔融状态。它的特点是快速经济地制造出零件，过程安全无毒，机器结构简单，易安装与操作。但是，零件精度差。

图 6-5 所示为 FDM 快速成形机，图 6-6 所示为 FDM 工艺过程。

4. 粉末激光烧结

粉末激光烧结成形（Selected Laser Sintering，SLS），又称选择性激光烧结，其原理与 SLA 基本形同，只是将 SLA 中的液态树脂换成在激光照射下可以烧结的粉末材料，由一个温度控制单元优化的辊筒铺平材料保证粉末的流动性，

图 6-5　FDM 快速成形机

同时控制工作腔热量使粉末牢固烧结。它的特点是：可采用多种材料，制造工艺比较简单，成本低，但是成形速度慢，精度较低，适合制作中小件。

　　SLS 技术是非常年轻的一个制造领域，在许多方面还不够完善，如目前制造的三维零件普遍存在强度不高、精度较低及表面质量较差等问题。SLS 工艺过程中涉及很多参数（如材料的物理与化学性质、激光参数和烧结工艺参数等），这些参数影响着烧结过程、成形精度和质量。零件在成形过程中，由于各种材料因素、工艺因素等的影响，会使烧结件产生各种冶金缺陷（如裂纹、变形、气孔、组织不均匀等）。

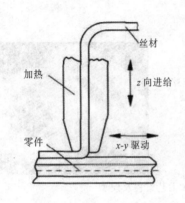 

图 6-6　FDM 工艺过程及模型

　　图 6-7 所示为 SLS 工艺过程。

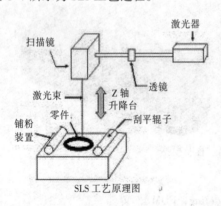 

图 6-7　SLS 工艺过程及模型

　　快速成形技术中，金属粉末 SLS 技术是近年来人们研究的一个热点。实现使用高熔点金属直接烧结成形零件，对用传统切削加工方法难以制造出的高强度零件，以及对快速成形技术更广泛的应用具有特别重要的意义。展望未来，SLS 技术在金属材料领域中的研究方向应该是单元体系金属零件烧结成形、多元合金材料零件的烧结成形、先进金属材料如金属纳米材料和非晶态金属合金等的激光烧结成形等，尤其适合于硬质合金材料微型元件的成形。此外，根据零件的具体功能及经济要求来烧结形成具有功能梯度和结构梯度的零件。表 6-1 所示为 4 种典型的快速成形技术特点的比较。

表 6-1　4 种典型的快速成形技术特点的比较

成形方法	原理	成形精度	成形速度	制造成本	常用材料
SLA	激光逐点层叠加	高	较快	高	光敏树脂等
LOM	激光轮廓切割层叠加	较低	快	低	纸、金属箔、塑料薄膜
FDM	非激光层叠加	较低	较快	较低	石蜡、塑料、低熔点金属
SLS	激光逐点层叠加	较高	较慢	较低	石蜡、塑料、金属、陶瓷

6.4　快速成形技术的发展方向

快速成形技术已经在许多领域里得到了应用，其应用范围主要在设计检验、市场预测、工程测试（应力分析、风道等）、装配测试、模具制造、医学、美学等方面。快速成形技术在制造工业中应用最多（达到 67%），说明快速成形技术对改善产品的设计和制造水平方面具有巨大的作用。

目前快速成形技术还存在许多不足，下一步研究开发工作主要在以下几方面：

（1）改善快速成形系统的可靠性、生产率和制作大件能力，尤其是提高快速成形系统的制作精度。

（2）开发经济型的快速成形系统。

（3）快速成形方法和工艺的改进和创新。

（4）快速模具制造的应用。

（5）开发性能良好的快速成形材料。

（6）开发快速成形的高性能软件等。

6.5　快速成形技术的意义

在产品开发过程中，产品的时效性已经成为制造者保持竞争力的一个关键因素。快速成形技术的出现，创立了产品开发的新模式。快速成形技术提供了比传统成形方法更快捷的制造产品机会，实现了产品开发中从 CAD 到实体模型或零件的制造过程。快速成形技术在产品开发过程中的意义越来越突出，具体的意义如下：

（1）大大缩短新产品研制周期，确保新产品上市时间，使模型或模具的制造时间缩短数倍甚至数十倍。

（2）提高了制造复杂零件的能力，使复杂模型的直接制造成为可能。

（3）显著提高新产品投产的一次成功率，可以及时发现产品设计的错误，做到早找错、早更改，避免更改后续工序所造成的大量损失。

（4）支持同步（并行）工程的实施，使设计、交流和评估更加形象化，使新产品设计、样品制造、市场订货、生产准备等工作能并行进行。

（5）支持技术创新、改进产品外观设计，有利于优化产品设计，这对工业外观设计尤为重要。

（6）成倍地降低新产品研发成本，节省了大量的开模费用。

总而言之，快速成形技术是 20 世纪 90 年代世界先进制造技术和新产品研发手段。在工业发达国家，企业在新产品研发过程中采用快速成形技术确保研发周期、提高设计质量已成为一项重要的策略。当前，市场竞争愈演愈烈，产品更新换代加速。要保持产品的市场竞争力，迫切需要在加大新产品开发投入力度、增强创新意识的同时，积极采用先进的创新手段。快速成形技术在不需要任何刀具、模具及工装卡具的情况下，可实现任意复杂形状的新产品样件的快速制造。用快速成形技术快速制造出的模型或样件可直接用于新产品设计验证、功能验证、外观验证、工程分析、市场订货等，非常有利于优化产品设计，从而大大提高新产品开发的一次成功率，提高产品的市场竞争力，缩短研发周期，降低研发成本。

小　结

本章详细介绍了快速成形技术的原理、特点以及意义，快速成形技术的4种基本方法和快速成形技术的未来发展方向。

随着现代技术的快速发展，人们对各种产品的消费需求也日益增加，如何才能满足日益增长的消费需求是各生产商亟待解决的问题，而快速成形技术的出现正好解决了这一矛盾。快速成形技术的出现，实现了产品设计开发中从CAD到实体模型或零件的制造过程，不仅可自动快速准确地将设计构思观念物化为具有一定结构和功能的实体，更为产品投产提供快速、准确的实体评价信息，提高产品质量，缩短产品设计开发周期，这些都有利于制造者在产品开发过程中保持其时效性，以保证不会在激烈的市场竞争中失败。

高校学子必须跟上时代的步伐，逐渐向快速成形技术靠拢，使自己具备一定的快速成形技巧，并时刻留意快速成形技术的发展方向与发展动态，使自己不会落伍于时代的发展。

实 践 课 题

快速成形技术的方法学习

内容：选择一家运用快速成形技术制造产品的工厂，观察生产时使用的各种工具设备，学习快速成形机的使用方法，并向工人了解现代快速成形的优缺点，比较各种快速成形技术的异同。

要求：将自己在实习过程中所学到的知识总结归纳，并写出自己的心得与体会，制作成电子版展示报告，在课堂上探讨与交流。

第7章 产品模型涂饰技术

【学习目标】

- 了解涂饰在产品模型中的作用与意义；
- 掌握涂饰处理的程序与方法；
- 掌握不同涂料的特性与加工工具的使用方法。

【学习重点】

- 涂料的性能（施工性能、保护性能、装饰性能）；
- 涂装的三要素及其加工方法。

7.1 涂饰处理的意义

一件好的模型，不仅需要优美的造型、柔和的曲线、协调统一的形态，还需要清晰的细部刻画、恰当的表面肌理处理和色彩来表达。这些都体现了对产品模型的表面处理涂饰的重要性。

从产品造型设计的角度出发，涂饰处理的目的是美化产品的外观，也就是按照产品设计的要求，按照一定的技术和工艺来调整表面的色彩、光泽、质感等，最终达到材料与产品外观的良好匹配。涂饰处理的最重要功效在于赋予产品视觉与触觉化的外在美感，更完整地表现产品的设计意图。另一个功效是通过材料本身所具有的特性来提高产品的耐用性和安全性。

对于模型表面，特别是表现型模型的表面进行涂饰处理，具有保证模型的设计与制作从形态到色彩的完整性。同时对模型表面进行的细致的装饰性效果处理，也体现出设计师对产品设计的综合表达能力。在产品样机展示、促销宣传活动中，成为真正有力的设计表达手段。同时也提升了设计情感的价值，赋予了模型制作在产品设计过程中的重要性。

在模型制作过程中，模型的色彩是通过对模型的涂饰来完成的，可以凭借涂饰材料来达到对模型色彩的表达。

在模型的涂饰处理中，可以根据不同的需求选择不同种类的表面装涂材料和涂饰技术。如喷饰、手工涂饰等技术都被广泛地应用于模型制作后期的表面处理上。

7.2 涂饰处理材料——涂料

7.2.1 涂料组成

涂料一般由不挥发组分和挥发组分两部分组成，在物体表面涂布后，其挥发组分逐渐挥发离去，留下不挥发组分而干结成膜。所以不挥发组分的成膜物质简称涂料的固体分；挥发组分则简称挥发分。成膜物质按在涂料中所起的作用可分为主要成膜物质、次要成膜物质、辅助成膜物质及溶剂。图 7-1 和图 7-2 所示为两种涂料。

图 7-1　清漆（凡立水）

图 7-2　油漆颜料

1. 主要成膜物质

主要成膜物质也称固着剂。由于它的作用是将其他组分粘接成一个整体，并能附着在被涂基层表面形成坚韧的保护膜。所以这种物质应具有较高的化学稳定性，多属于高分子化合物，如天然树脂、合成树脂及成膜后能形成高分子化合物的有机物质，如植物油与动物油。

2. 次要成膜物质

颜料是涂料中的次要成膜物质（见图 7-2），虽然它不能离开主要成膜物质单独构成涂膜，但它是涂料的重要组成部分。颜料用于涂料中不仅是为了使涂膜呈现一定的色彩，遮盖被涂的物体表面，以使涂膜具有装饰性。更重要的是颜料能够改善涂料的物理和化学性能，如提高涂膜的机械强度、附着力、耐热性和防腐性、耐光性等。有的还可以封闭或滤去紫外线等有害光波，从而增进了涂抹的耐候性。颜料的种类很多，按它们的化学组成可分为有机颜料和无机颜料；按它们的来源可分为天然颜料和人造颜料；按它们所起的作用的不同可分为着色颜料、防锈颜料、体质颜料：着色颜料主要作用是着色和遮盖物面，是颜料中品种最多的一类；防锈颜料主要作用是防止金属锈蚀；体质颜料是一种惰性颜料，又称填充颜料，它在涂料中虽然遮盖力很低，也不能起到色彩装饰作用，但它具有增加涂膜厚度，控制涂料稠度，加强涂膜体质，提高涂膜耐磨性等性能，并可降低涂料的成本。

3. 辅助成膜物质

在涂料的组分中，除了主要成膜物质，颜料和溶剂外，还有一些用量虽小（千分之几至十万分之几），但对涂料性能及涂膜起重要作用的辅助成膜物质（通常称为助剂）。涂料中所使用的辅助材料很多，按它们的作用特性，目前国内外常用的涂料助剂有表面活性剂、催干剂、固化剂和增塑剂等。图 7-3 所示为催干剂，图 7-4 所示为油漆固化剂。

4. 溶剂

溶剂是用来溶解和稀释涂料的挥发性液体，在涂料中往往占有很大比重。它可以使涂料的涂膜耐候性突出，涂膜虽硬度不高，但柔韧性很好，不足之处是涂膜不够光泽，装饰性欠佳，适用于配制结构用醇酸树脂涂料，如桥梁面漆、船壳漆、无线电发射塔用漆等。

图 7-3　催干剂　　　　　　　　　　　　　图 7-4　油漆固化剂

　　涂饰处理用的涂料是液状的，可涂覆于模型表面，经过一段时间之后形成干燥固化的表面薄膜，或是经过其他光热或红外线强制烘干后固化形成坚韧薄膜。这层薄膜附着于模型表面，起到了保护模型、美化模型外观的功能，并可达到特殊的装饰目的。

　　随着科学技术的进步，涂料工业快速的发展，出现了各种不同属性的装涂材料，不同的材料种类和装涂技术使产品的表面色彩和质地多姿多彩。

7.2.2　涂料性能

　　用于木器、塑料、金属等油漆的涂料应具备一系列应用性能，这些性能同时也是人们评价与比较涂料质量优劣的依据。涂料性能包括是否便于施工的工艺性以及所成涂抹的保护性与装饰性。

1. 涂料的施工性能

　　一种好的便于施工的涂料，应具备固化快、固体分含量高、黏度适宜、流平性好、低毒或无毒、便于修复等特点。

　　（1）涂层干燥时间。当把液体涂料涂饰到表面之后，经过一段时间，涂层变为固体漆膜的过程称为涂层干燥或涂层固化。一定厚度的涂层，在规定的干燥条件下，从流体层干至表面形成微薄的漆膜称作表面干燥阶段，也称表干。这个阶段所需时间，称作表面干燥时间。当涂层进一步干至全部形成固体漆膜，即为达到实际干燥阶段，称为实干，所需时间为实际干燥时间。涂料的表干与实干时间，常用干燥实验器测定，以小时（h）或分(min)表示。

　　（2）涂料黏度。液体的黏度是液体分子间相互作用的而产生的阻碍其分子间相对运动能力的量度。涂料的黏度，通俗地说就是它的黏稠程度，常用条件黏度表示。黏度并非涂料的固有属性。液体涂料的黏度常由溶剂调节而成。针对不同的施工方法，用稀释剂调节到最适宜的黏度。当涂料被加热时，黏度自然降低。此外，在施工中，随着溶剂的挥发，涂料就会逐渐变稠。

　　（3）固体分含量。固体分即液体涂料中能留下来干结成膜的不挥发成分，它在整个液体涂料中质量比例即固体分含量，常用百分比表示。固体分含量可用下式确定：

$$S=G/M \times 100\%$$

式中：G 为固体分质量，g；M 为涂料质量，g。

　　一般来说，涂料的固体分含量越高越好，达到同样的漆膜厚度，固体分含量高的涂料所需涂刷遍数少，简化了工艺。一般油性漆、聚氨酯漆的固体分含量均为 50% 左右，挥发性漆约为 10%～20% 左右，聚酯漆、光敏漆等在 95% 以上。

　　（4）流平性。涂料的流平性是指经各种涂饰方法（喷、刷、淋等）将涂料涂饰到表面上后，液体涂层能否很快流布均匀平整的性能。涂料流平性与其黏度、所含溶剂品种、表面张力等因素有关，一般涂料黏度低些流平性好。流平性好的涂层，能够形成平整光滑的漆膜，可以减轻涂膜表面修饰的工作量，并有利于形成具有较高光泽的表面漆膜。

（5）可修复性。可修复性是指漆膜局部损坏（如磕碰划伤等）是否便于修复的性能。木器表面油漆装饰过程中以及贮存、运输甚至使用时，都难以避免出现局部损伤，可修复性漆膜则便于修复。一般来说，挥发性漆的可逆性漆膜便于修复（能被原溶剂溶解的挥发性漆的漆膜称作可逆性漆膜），某些合成树脂的漆膜是不可逆的，则不便于修复。挥发性漆（如硝基漆、过氯乙烯漆、虫胶漆、挥发性丙烯酸漆等）所成漆膜通常是一链状线型高分子物质，它是可溶解的。这样的漆膜碰伤处，可用棉球涂擦的方法，蘸原液逐渐修补起来，某些聚合型漆基本不易修复。

2. 涂料的保护性能

优质涂料所形成的漆膜首先应具备一系列保护性能：附着力强，坚韧耐磨，具有较高的力学强度与冲击强度，并能耐水、耐热、耐寒、耐候、耐温差变化以及耐酸碱溶剂等化学药品。

（1）附着力。漆膜的附着力是指漆膜与突起物体表面牢固结合的性能。涂漆附着力好，所成漆膜经久耐用，附着力不好的漆膜容易开裂、脱皮。某些聚合漆（如聚氨酯）当上一道涂层干得太透再涂下一道时，往往影响附着力。漆膜附着力常采用划痕法测定，以百分比表示。

（2）硬度。凡木器塑料的金属承受摩擦的部位，漆膜的硬度应更高些，例如地板、沙发扶手、台面、椅面、车厢板等表面漆膜就需要有足够的硬度。凡含有硬树脂较多涂料，其涂膜硬度都很高，例如硝基漆、氨基醇酸漆、聚氨酯漆、聚酯等漆膜都比较硬，最硬的漆膜要数大漆。油性漆的漆膜都比较软。漆膜硬度常用摆杆硬度计测定，以一位小数表示，硬度的大的漆膜可达到 0.7～0.8，软的可达 0.2～0.3。

（3）柔韧性。漆膜柔韧性也称弹性。木器、塑料和金属表面的漆膜除应具有较高的硬度外，同时还应具有一定的柔韧性。柔韧性是为了适应木材等材料的体积可能发生的变形。木材由于干缩湿胀，体积常会有不同程度的变化，过硬的漆膜不能随木材体积的变化而变化，将会被拉断开裂，或者起皱，再遇摩擦将很快破裂。同时，漆膜在温度变化时也将不能经受温度变化而被破坏。漆膜的硬度与柔韧性是有矛盾的，造漆时视具体使用条件来设计配方，调节弹性。一般来说，室外用漆都要有较高的柔韧性，室内用漆则可以低些，但柔韧性也不可过高，所以室外用漆多选用油性漆。

（4）耐化学药品性。耐化学药品性也称耐化学性，是指漆膜表面耐酸、碱、盐类，溶剂、汽油等化学药品的能力。不同使用条件下的木器塑料和金属表面漆膜，接触化学药品的机会可能有很大不同。例如，实验台面可能会遇到强酸、强碱，餐桌茶几表面可能接触食醋（含少量醋酸）、酒（含酒精）等。因此一般涂料都应具备一定的耐化学药品性，特殊用途的要求更高。

（5）耐热性。耐热性是指漆膜经受高温是否发生变化的性能。耐热性差的漆膜，遇热可能变色、起层、皱皮、开裂、留下痕迹等，如台面类家具（餐桌、茶几、写字台等）表面受热而不变化。虫胶漆、硝基漆的漆膜耐热性都不高，不宜用作台面表面的涂饰。耐热性较高的，如聚氨酯、酸固化氨基醇酸漆等的漆膜，可以经受烟头的烧灼也不会发生变化。

（6）耐水性。漆膜耐水性是指其表面遇水、浸水或遇沸水时，是否发生变化的性能。耐水性差的漆膜遇水，轻则失光、变色（但除掉水一段时间可能恢复），重则起泡、皱皮、剥落、脱皮等。木器、塑料、金属漆膜遇水情况很不一样，户外的车船、建筑门窗常常被雨淋，室内的台面可能洒上水，食堂与厨房家具要常被湿布擦洗，因此一般涂料都应具备适当的耐水性。

（7）户外耐久性。户外耐久性是户外用品（如木器、塑料、金属表面）的漆膜应具备的几种性能，即耐寒性、耐候性与耐温差变化等。耐寒性即漆膜抗低温的能力。北方冬季气温可达−40～−30℃，耐寒性差的漆膜时间长就会被冻裂。耐候性是指承受户外气候（光照、冷热、风雨等）考验的能力。耐寒性差的漆膜受到阳光照射，风吹雨淋等外界条件的影响而出现的褪色、变色、龟裂和强度下降等一系列老化的现象。

3. 涂料的装饰性能

（1）光泽与保光性。亮光装饰用漆的漆膜，应具有极高的光泽，并能长期保光。漆膜的光泽首先与涂料本身性能有关，亮光装饰应选用好的亮光漆装饰，漆的流平性要好，漆膜硬度要高，以便能抛出光泽。

漆膜表面光泽的实质，是入射光线在其表面上能大量集中地向一个方向反射，这与表面的平整光滑程度有关。表面越平越光，漫反射光线才能大量向一个方向反射，才能感觉这个平面是亮的。当表面粗糙不平的时候，是不会有多少光泽的，所以亮漆膜必须具有一定厚度，漆膜硬度要高，再经研磨与抛光，使表面光洁度高。

木器表面漆膜的平整光滑是许多平整光滑的中间涂层积累形成的，而且白坯木材基底在油漆前就要有很高的光洁度，所以从木材表面准备到油漆过程以及最后表面漆膜抛光，需经一系列过程才会得到高光泽漆膜。

（2）色泽与保护性。根据漆膜表面装饰性要求，所用清漆应是无色的，达到水白程度最好，但不是所有清漆都是无色的，有些漆本身颜色浅，如硝基漆、氨基醇酸漆、丙烯酸漆等。有些清漆则带有颜色，如虫胶漆、酚醛漆与聚氨酯漆等。有颜色的清漆不能用于浅色、本色透明漆装饰。漆膜在使用中其颜色往往要变深、变黄或保色性不好，色泽与保色性最好的漆要数丙烯酸漆类。

（3）清漆的透明度。为了保留木材的天然花纹，要求装饰所用的清漆具有高的透明度，以便更清晰地显现木材纹理。

（4）涂料的色彩。涂料的色彩主要由颜料决定的。产品涂装色彩是否理想，与涂料的配色关系极大，涂料的配色一般理解为在制造涂料时按照涂料的组成设计分配，或者使用涂料时按照被涂饰的对象要求配色。着色颜料按它们在涂料使用时所显示的色彩可分为红、黄、蓝、白、黑、金属光泽色等种类，可根据产品的要求进行配色，其基本原则和方法如下：

① 分清主、副色及各色间的关系和比例，根据产品设计对色彩的要求，对照颜色色板或色标，确定由哪几种颜色组成。主色就是基础色，颜色含量大、着色力较强的颜色为副色。如灰色中白色为主色，黑色为副色；再如绿色中黄色为主色，蓝色为副色。经过分析，然后小样调试，喷在样板上烘干，当与色板相比，颜色色差较小或相等时，才能大批量调配使用。

② 涂料颜色采用"由浅入深"的原则，加入着色力较强的颜色时，应先加预定量的 70%～80%，当色相接近时，要特别小心谨慎，应取样分别调试至符合原样的要求。

③ 把握涂料颜色干、湿的特性。调色时要注意浅色一般要比原样稍深一点，深色比原样稍浅一些。因漆膜干后会出现"泛色"现象，即浅色烘干后比湿漆更浅，深色烘干后偏深。新涂的样板颜色鲜，干的样板显得颜色较暗，应将干样板浸湿后再进行比较。另外，颜料因未经分散处

理，只能用色漆配制，否则会产生色调不匀合的斑痕现象。一般，不同类型的涂料不能相互混合。

产品与其使用功能、空间、部位、大小、形状、材质等有着多方面的联系，为了在设计时能准确无误地运用色彩，应该在色彩科学的基础上，明确使用方法。产品的色彩运用与绘画的色彩运用有着显著的区别。

产品的最终目的是达到实用效果和令服务对象满意，受一定的工艺生产局限性的制约。色彩的美观与否，不在于所用颜色的多少。所谓"丰富多彩"是不能在一件产品上来体现的，关键在于利用物质材料和艺术处理的技巧产生出预定的效果，最好能少用颜色而出现多种色彩感的效果。

7.2.3　涂料在产品设计中的应用

涂料是实现对物品色彩调节和给物品着色的最为合适的媒介和材料之一。从设计的角度来看，产品设计的意图是依据产品的功能与形态之间的关系进行的，而形态与功能的协调统一，是离不开使用涂料的。

1．不透明涂饰

当产品的材质为金属或塑料时，因金属或塑料容易出现锈蚀或老化，因此这类产品必须用涂料涂饰加以保护。又因为金属或塑料的表面质感和色调单一，一般对它们均采用遮盖基体的不透明涂料（色漆或磁漆）进行不透明涂饰，此即将制作表面单一的质感和色调掩盖住，而使产品呈现出涂料所具有的色彩。

在不透明涂饰中涂料的色彩作用显得极为重要。例如，近年来产品设计的形态趋向于简洁化，由此应特别注意避免涂饰上的单调性，而应充分运用色彩、光泽与表面质感的协调及统一，使产品的外观首先能给人们一种新颖和美好的感觉。

2．透明涂饰

由于多种木材的表面都具有自然而优美的纹理，因此对木制品的涂饰与金属或塑料制品的涂饰是不同的，即对木制品一般是采用透明涂饰，这既可保护木制品不受腐蚀，不受脏污，又能显示出木制品表面纹理的自然美。

为了强化木料纹理的美感，或使得一般木料显出具有贵重木料的自然光泽，可用染料或颜料给木制品表面着色，然后再涂饰清漆，也可在木制品表面经过砂粒磨光或去毛刺之后，直接涂饰相应色泽的透明漆。

对于表面纹理不够优美清晰的木制品，或木制品上用料不一致而使其表面纹理不协调时也可以应用不透明涂饰，或者可采用仿木纹涂饰。

3．有光和无光涂饰

对于不同产品其涂饰的光泽度的要求是不同的，例如对于汽车、摩托车及自行车等产品，涂饰时要求漆膜具有较高的光泽度。而对于仪器、仪表及计算机等产品，涂饰时则要求漆膜是半光或无光的。

有光涂饰和无光涂饰主要取决于采用何种涂料。有光涂饰是应用各种有光磁漆，必要时还应加罩以清漆。有光、半光或无光磁漆之间的差别主要是在于漆中体质颜料的含量不同，漆中的体质颜料含量低，则漆膜的光泽度高；漆中的体质颜料含量高，则漆膜的光泽度低。

4．肌理涂饰

为使产品表面呈现出不同的材质感，可采用肌理涂饰。例如采用锤纹漆或皱纹漆涂饰后，可以使产品表面呈现出锤纹或皱纹肌理；若采用金属闪光漆或桔纹漆涂饰后，则可使产品表面呈现出金属材质感或桔纹状纹理。

7.3　涂饰处理工艺

7.3.1　涂饰前的表面处理

模型成形之后，要求表面平整光洁，可是在实际加工过程中，模型的表面常会留有刀痕、线痕、凹坑与刮伤等痕迹，不同形态的模型部件彼此的粘接处也会留有不平整现象。对于接缝、表面存在的缺陷，如不进行修补，而急于对模型表面进行喷漆或涂饰作业，模型表面会因凹痕、线状裂缝等缺陷的存在，影响模型最终的整体效果。所以模型涂饰前的打磨修补工作就成为模型制作中必要的工作程序。

要得到精致的模型，在涂饰前的表面打磨处理是一项非常重要的表面处理工序。表面处理得精细，在涂饰之后的模型自然精细和完整。所以打磨修补处理必须要耐心，仔细，一次又一次，直至表面非常细腻、平整，以达到精致和尽善尽美。

表面打磨处理时，首先必须检验模型各部分表面的光滑程度，如遇到凹坑、接缝、裂纹的地方必须先行用泥子修补。

泥子可以用原子灰加上适量的固化剂，充分搅拌后得到。如固化剂放入太多，泥子的固化速度快，就不能顺利施行修补工作；如固化剂加得太少，固化速度慢，在进行修补后，修补处的泥子需要很长的一段时间才能固化，甚至无法完全固化，导致修补失败。

一般在缺陷处修补用的泥子必须稠一些。在模型表面要求比较高的地方，如发现有刮痕、裂缝时，泥子必须调稀一些，调制好的泥子不可放置时间太长，否则会发生固化，而影响修补工作。

修补缝隙时，可用 ABS 塑料板削成一定的宽度，比要修补处宽出约 2 cm，前端削成斜面的刮刀，如果修补的是弧面或不规则曲面，最好是用橡皮刮刀，把调制好的泥子，刮补在要修补之处，把泥子压入要修补的缝隙处，并把表面刮平，去除多余的泥子，等待泥子干燥固化后就可以打磨。泥子一般的颜色为米黄色，固化时间视固化剂加入的多少而定。

对于模型表面普通的凹坑刮补泥子，必须在第一次大面刮补时完成。泥子固化后，在凹坑处大都会有稍微凹陷的弧状现象，这是因为泥子在固化过程中会产生收缩现象，形成下凹的弧面。所以必须进行第二遍刮补泥子，作业程序与第一次刮补过程一样。如果需要，还需要重复进行多次操作，如此反复，直到表面完全平整，补泥子作业才算结束。对于一般平整表面细微的裂痕做一次刮补操作即可完成。

模型的表面经修补后，可使用 200 目的粗砂纸轻轻的打磨，直到把表面打磨平整为止，最后再用细砂纸或水砂纸轻轻的研磨，直到补过的泥子处与其他表面同样的光滑平顺才算完成，这样就为后续进行喷漆、涂饰等操作打下良好的基础。涂饰完成之后，还可以用机械抛光的方法，求得更完美精致的表面。

机械抛光是在布轮机上装上毛棉质、纤维质布轮，加上研磨剂，利用机械旋转的作用磨抛模型表面，从而将模型的表面抛光擦亮的方法。机械抛光时，先将研磨剂少量涂在布轮边缘，然后将模型要抛光的表面轻轻地、与布轮前下方成 45° 的方向，进行抛磨，并且要慢慢地移动模型以便进行抛光作业处理。布轮表面经常会有研磨剂硬化的颗粒，应及时清除干净，使布轮松软，以增强抛光的效果。

图 7-5 所示为机械抛光机，图 7-6 所示为机械抛光过程。

图 7-5 机械抛光机

图 7-6 机械抛光过程

7.3.2 涂装特点

涂装即是指将涂料涂布到经过表面处理的物面上而干燥成膜的工艺。在产品表面装饰处理中涂装工艺是应用最广泛的，其特点如下：

（1）选择范围广。涂料的品种很多，中国现有上千种，还可根据产品造型的需要，生产出各种不同性质的涂料产品，可供选择的余地多。

（2）适应性强。涂料既能涂装金属表面，也能很方便地涂装各类非金属材料表面，不受产品材质、形状、大小等限制，亦不影响被涂材料表面的性质。因此，在产品面饰工艺中，对材质的选择和表面涂装处理的方法均不受各种因素、条件限制。

（3）工艺简单。涂装工艺较之其他面饰工艺简单，一般不需要复杂的工艺设备，可根据具体产品的情况使用各种不同的施工方法，如刷、喷、浸、注、淋、浇、刮、擦以及电泳、静电、高压、无气、粉末喷涂等工艺手段等。

（4）成本低。涂料中大部分原料为合成材料，其原料来源丰富，便于就地取材，涂装的工艺也不复杂，故涂装成本比电镀、搪瓷、玻璃钢处理、磷化膜、分散性染料胶印、铁印油墨胶印、丝网漏印等工艺低廉。不但应用于模型制作的表面装涂，同时适用于量大面广的工业产品面饰的需要，有较好的经济效益。

（5）面饰效果好。绝大多数工业产品所获得的五彩缤纷的色彩主要是采用涂装工艺来实现的。经过涂饰的表面效果好，涂膜有一定的光泽，组织细密，覆盖力强，视觉质感和触觉质感好，能体现工艺美的人为质感效果。

7.3.3　涂装要素

模型产品表面要获得理想的涂膜，就必须精心地进行涂装设计，掌握涂装各要素。涂装工艺的关键，即直接影响涂层质量的是涂装的材料、涂装工艺和涂装管理三要素。

1. 涂装的材料

涂装材料的质量和作业配套性是获得优质涂层的基本条件。在选用涂料时，要从涂膜性能、作业性能和经济效果等方面综合衡量，吸取他人的经验，或通过实验确定。如果忽视涂膜性能，单纯考虑涂料的低价格，会明显地缩短涂层的使用寿命，造成早期补漆或重新涂漆，反而带来更大的经济损失。如果涂料选用不当，即使精心施工，所得涂层也不可能耐久，如内用涂料用作户外面漆，就会早期失光、变色和粉化，又如含铅颜料的涂料在黑色金属制品上是好的防锈涂料，而涂在铝制品上反而促进铝的腐蚀。在涂料的选择上应注意以下几点。

（1）在使用的对象和应用环境上，首先要明确涂料的适用范围，可根据模型的不同用途和放置环境来选择相应的涂料。

（2）使用的材质。涂料使用在哪种材质上与涂料的性能也有一定的关系。材质有金属、塑料、陶瓷、木材、橡胶、纸张、皮革等，而金属又分为钢铁、铝、铜、锌及其合金等。同一种涂料对于涂布物材质的不同，所得到的效果也不尽相同。例如，橡胶、纸张和皮革等物面，要求涂料有极好的柔韧性和抗张强度。

（3）涂料的配套性。注意涂料的配套性，即采用底漆、泥子、面漆和罩光漆，要注意底漆应适应种种面漆，注意底漆与泥子、泥子与面漆、面漆与罩光漆彼此之间的附着力。了解配套性的重要性，不可把涂料随意乱用，甚至成分不一样的涂料随意混合，造成分层、析出、胶化等质量事故。

（4）经济效果。在选择涂料品种时还要考虑经济原则，既要求一次施工费用少，也要考虑涂层使用的时间期限的长短；在计算成本时除了考虑涂料的费用外，还要计算涂料使用的不同寿命，总之要考虑综合的经济效果。

不同用途的产品其功能及耐久性也有不同的要求，还要根据加工的设施、设备条件来选择适合刷涂或喷涂以及能自干或烘干的涂料等。

2. 涂装工艺

涂装工艺是充分发挥涂装材料的性能、获得优质涂层、降低涂装生产成本和提高经济效益的必要条件。涂装工艺包括所采用的涂装技术（工艺参数）的合理性和先进性，涂装设备和涂装工具的先进性和可靠性，涂装环境条件以及涂装操作人员的技能、素质等。如果涂装工艺与设备选择和配套不当，即使采用优质涂料也得不到优质涂膜，如果所选用的涂装工具和设备的涂着效率低、故障多，则势必造成涂装运行成本高、经济效益差。灰尘是涂装的大敌，高级装饰性的汽车车身涂装必须在除尘、供空调风的环境下进行。涂装操作人员的技能熟练程度和责任心是影响涂装质量的人为因素，加强操作人员的培训，提高操作人员的素质是非常必要的。

3. 涂装管理

涂装管理是确保所制定工艺的实施，确保涂装质量的稳定，达到涂装目的和最佳经济效益的重要条件。涂装管理包括工艺管理、设备管理、工艺纪律管理、质量管理、现场环境管理、人员管理等。

以上三要素是互为依存的制约关系，忽视哪一方面都不可能达到优质涂装的目的。涂装材料制造和应用工程技术人员、工艺管理和涂装作业人员对这三要素虽各有所侧重，但都应该有所了解。从工程设计和工艺设计开始就应该抓涂装的三要素。

7.3.4　涂装施工方法

要保证涂层经久耐用，就必须符合使用要求，充分发挥涂料的装饰和保护作用，涂装工艺一般包括漆前面层处理、涂装施工方法和干燥三大步骤。漆前表面处理是施工前的准备工作，它关系着涂层的附着力和使用寿命，直接影响涂装的质量。

漆前表面处理，即指漆前清除被涂物表面上的所有污物，如油污、铁锈、氧化皮、灰尘、焊渣、盐碱斑等，或用化学方法生成一层有利于提高涂层防腐蚀性的非金属转化膜的处理工艺。根据表面处理过程中使用的材料和机械的不同，可把表面处理分为化学处理和机械处理。表面处理对于金属件和非金属件，由于被涂物的用途、要求、施工方法、涂料品种不同，处理的杂质和处理的方法也不同。下面重点介绍一般涂装的方法。

（1）浸胶。它是将被涂物浸入涂料中，提起、滴尽多余涂料而获得涂膜的方法。浸胶的特点是生产率高，操作简单，涂料损失少，比较经济。这种方法适用于形状复杂的骨架状被涂物，以及各种金属部件和小零件等内外表面的涂装，常用作第一涂层。

（2）淋涂。它是将涂料淋浇到被涂物上，随后滴进多余的涂料而成涂膜的方法。这是一种经济高效的涂装法，适合流水线生产。与浸胶法相比，淋涂得优点是用漆量少（约为浸胶的1/5），适用于漂浮而无法浸胶的中空容器或浸胶时产生"气色"的物体的涂装，其缺点是溶剂耗量大，淋涂的粘度一般较浸涂高。为使淋涂不受环境温度的影响，一般漆温保持在20～25℃。

（3）喷涂。它是将涂料雾化后喷到被涂物上面获得涂膜的方法。涂料雾化主要使用的3种方法为：空气压力、机械压力和静电法。空气喷涂是一般的喷涂法，其优点是适用于形态复杂的零件喷涂，设备简单、适用、成本低、应用范围广。其缺点是漆雾飞散，涂料损耗较为严重。

（4）电泳涂装法。电泳涂装法为水溶性涂料的涂装方法。电泳涂装的优点如下：

① 无火灾危险，避免环境污染。

② 涂装效率和涂料利用率高。

③ 涂膜厚薄均匀，且可定量控制。

④ 附着力和机械性能良好。

（5）粉末涂装。粉末涂装是一种 100%呈粉末状的无溶剂涂料涂炭。粉末涂装可分为粉末熔融法和静电粉末涂装法。

7.3.5　喷漆及喷漆工艺

模型表面的涂饰方法很多，根据模型制作的材料可采用涂刷、粉状喷涂、浸渍、喷雾涂饰等多种方法。其中，喷雾涂饰法有空气喷雾法、液压喷雾、静电、热温、电离等喷雾方法。由于上述的方法牵涉许多设备，所以早手工模型制作中一般常用涂刷法与喷雾法为最多，喷雾法中又以空气喷雾最为广泛。喷雾法使用的工具有空气喷枪和灌装喷漆。

喷漆时应该注意：

（1）戴口罩，避免吸入喷涂材料对身体造成伤害。

（2）顺风向喷漆。

（3）避免在高温中喷漆。

（4）下雨时因大气中湿度高，喷漆后不易取得光亮的表面，故而不要选择潮湿的天气喷漆。

（5）涂料必须完全搅拌均匀。

（6）喷漆前，模型表面先用吹风机吹干净，以免喷后表面有污物存在，影响表面效果。

（7）喷漆完成后，待完全干燥再移动模型。

（8）喷漆室要保证干净。

要达到对模型进行完美的表面处理，应多加练习，才能达到预想的效果。

图 7-7 所示为调漆过程。图 7-8 所示为喷漆。

图 7-7　调漆过程

图 7-8　喷漆

7.4 涂饰的文字与标志处理

在对模型的表面进行处理完成后，因机能关系的需要，常常需要加入必要的文字说明或标识，以说明它的功能、操作方式、制造商、商标及产品型号。所以必须要做这方面的处理。模型表面的文字、标志主要内容为产品说明和产品名称。

在模型上对于产品说明这一类的内容必须重点强调它的说明性，必须能清晰的向使用者说明产品的使用方式，内容可以是文字，也可以是图形标志，应将这一类说明贴置在使用者所操作的产品界面上。有时因产品的使用对象不同还必须配有不同的文字说明。

涂饰文字与标志处理主要有以下两种方法：

1. 干转印字法

对于模型上的文字可以使用干转印纸的文字转印到模型上去。干转印纸是一种塑料薄膜，背部印有不同字体的反体字，从正面看为正体字，在干转印纸背面有一层不干胶。转印时把转印字正面朝上，在需要印字的地方稍微用力在字上加压摩擦，此时字体就会粘到模型表面上去。

现有的干转印纸提供多种的字体和各种常用的图形标志，还有不同的色彩文字供选择，是模型制作后期表面处理极为方便的材料。

图7-9所示为转印机，图7-10所示为转印纸。

图7-9　转印机　　　　　　　　　　　　图7-10　转印纸

2. 丝网印法

丝网印刷是把带有图像或图案的模板附着在丝网上进行印刷。通常丝网由尼龙、聚酯、丝绸或金属网制作而成。丝网上的模版把一部分丝网小孔封住使得颜料不能穿过丝网，而只有图像部分能穿过，因此在承印物上只有图像部位有印迹。换言之，丝网印刷实际上是利用油墨渗透过印版进行印刷的，这就是称它为丝网印刷而不叫蚕丝网印刷或绢印的原因，因为不仅仅蚕丝用作丝网材料，尼龙、聚酯纤维、棉织品、棉布、不锈钢、铜、黄铜和青铜都可以作为丝网材料。

图7-11所示为手工丝网印刷过程，图7-12所示为丝网印刷机。

不管采用何种方式处理，都必须特别注意文字与图案的完整性、整齐性，而且记住保持模型的清洁。这将直接影响到模型的美观与否，文字与图案印刷是否得体。

图 7-11 手工丝网印刷过程　　　　　　　　　　图 7-12 丝网印刷机

　　作为制作模型的一部分，文字与图案起到的是修饰作用，虽然它不会影响模型的外部形态与内部结构，但它却是不可缺少的。这就要求我们制作模型时谨慎认真，不但掌握模型的制作方法与技巧，而且学会文字与图案的印刷。

小　结

　　本章较为详细地介绍了涂饰处理的意义，涂料的组成、性能，以及在产品设计的应用和涂饰处理工艺过程。

　　涂饰处理作为模型制作的最后一个过程，对制作的模型有很大的影响。涂饰处理的好会使产品模型更加美观，尤其是涂料的颜色对模型来说具有很大的冲击力。相反，涂饰处理不恰当或者是涂料的颜色选择的不合适都会造成模型不美观。因此，在我们实践的过程中，应该注意涂饰处理的技巧和方法。在实践中巩固和加深课堂所学的理论知识，掌握基本实践技能，培养理论联系实际的能力，提高自己动手分析问题、解决问题的能力。

实 践 课 题

涂料涂装方法探究

　　内容：选择以前制作好的简单模型，采用不同的涂装方法，观察不同的涂装方法带来的不同的艺术效果。在这个过程中，体会不同涂装方法工艺的异同点和不同的涂装方法应该注意的地方与涂装技巧。

　　要求：记录不同的艺术效果和自己在实践中的体会与心得，并书写电子版展示报告，在课堂上讨论交流。

第8章 | 产品模型检测评价与安全防范

【学习目标】

- 掌握产品模型检测的方法和步骤；
- 掌握模型制作的安全操作规范；
- 掌握紧急状况处理方法。

【学习重点】

- 通过检测评价来完善和优化产品设计方案；
- 及时判断与消除安全隐患。

8.1　产品模型检测评价

检测是根据设计图样的要求，对所设计制作的模型，从工艺性能，机械性能，物理性能，人机操作关系，形态、结构、比例、色彩、肌理、细部轮廓，外部整体造型效果等做出初步评价。目的是为进一步研究设计、完善或优化设计方案提供必要的参考依据，或者供上级部门审批、产品宣传展示、定型、批量生产及推广新产品之用。

在设计各种产品之前，应该先做出各类模型以进行检测，这是最好的评价设计方案的方法。虽然目前还没有一套完善的检测手段和统一标准，但是从以往造型设计实验中，摸索总结出一些检测要点，是值得参考的。只有通过检验，才能使设计的新产品取得较为完美的效果，才能满足人们对产品的需求，并能适应社会发展的需求。

产品模型主要是对外部形态（大小、颜色、质地、肌理等）的美观性，内部结构的合理性，功能的可适用性，细节过渡与体面转折的自然性，人机之间的舒适性等进行检测，以决定该产品是否合理，是否能够符合人们对产品的生理和心理需求。

1. 检测的方法

（1）目视分析法。目视分析法是以眼睛直接观察、分析、比较此模型总体情况。从整体布置、造型风格、人机要求、外观效果、表面加工精细度、色彩质感比例等方面，提出具体论证意见。这种方法强调的是自己的经验与感受，不同的人对同一个产品模型的分析结果可能不尽相同。所以这种方法只能是大体对模型进行检测，要想得到更精确的检测结果，必须用量具或进行性能的检测。

（2）量具测量法：

① 采用各种量度尺进行测量，检测结构参数是否与图样要求尺寸一致。

② 采用各种量度规进行测量，检验各种配合情况及其精度要求。

③ 采用各种仪表仪器如转数计、转速表、千分尺、万用电表等检测，主要是位移和转动能量情况。

④ 采用各种精密模板，对单曲面、双曲面、圆弧面、倾斜角、整体与局部布置配合等情况进行检测。

⑤ 采用放大镜检测外部肌理效果、关键部位连接情况等。

（3）性能检测：

① 结构性能检测。结构性能检测主要是检测力学性能，如结构相关尺寸、公差与配合情况、结构强度等，此种检测多侧重结构模型。

② 物理性能检测。物理性能检测主要是检测动态性能，指运动中的转动或位移变化情况，及其相关的参数的测试，如电机等电气产品样品模型，可在实验室测试台架上，进行测定某些载荷、容量变化情况。又如对汽车样品模型，在实验室模拟风洞试验（风阻），或在性能测试台上，测定某些功能项目，如制动、转向、操纵和稳定性及其他有关参数。

③ 化学性能检测。检测对各种材料品质选择是否得当，如应具有不变形、可塑性、耐腐蚀、耐温能力等。

2. 检测步骤

（1）在一个平台或一张平面桌上，将要检测的模型，放在平台上面，从各个角度用目视法去观察、分析、测量，并用文字做记录。

先从外部正视、侧视、俯视、近视、远视等，检测外部造型整体效果、轮廓线面清晰度、比例协调性等。

然后用目视法检测模型水平度、垂直度、弧度等能否达到设计要求。

最后检测模型表面色彩、质感、肌理、加工精细度等。

（2）从设计结构要求出发，采用量度尺、精密仪表仪器测量模型具体尺寸、公差配合、零部件与整体是否匹配、协调一致。

（3）从设计功能要求，采用仪器和仪表测量转速、扭矩、活动距离、电量负荷等。有条件的地方可到实验室进行台架试验，或只进行单项测试，可用人工启动、电力启动、动力启动测出某些必要数据，为开发新产品提供科学依据。

3. 检测总要求

通过人们的视觉、感觉，以及仪器仪表上的检测，多方面去评价和欣赏造型总体效果，如线面清晰平整、空间立体关系明确、尺寸准确、仿真性强。创新的产品应造型美，结构合理，并具有功能要求，工艺技术先进，质感逼真，又能体现一定的艺术效果。

检测的目的是为了进一步完善和优化设计方案，由于模型的可视化，设计人员可以在视觉分析、量具分析和一些结构、物理性能分析后，改进设计方案，使其更加美观、合理化。

8.2 防火与防毒

在模型制作的全过程中，经常使用的材料，如木材、纸材、塑料材、玻璃钢、粘接用的粘胶剂、稀释溶剂、油漆与涂料、装饰材等，大多数均系易燃和有毒物质。因此，必须特别注意防火防毒的安全问题。

1．防火

（1）模型制作中的各种材料，除对木材、纸材、塑料材防护外，还应特别注意涂饰材料。如苯类、醇类、酯酮类等均属挥发性易燃品，其闪点高，着火力强，且有爆炸性危险。稀释溶剂汽油、香蕉水、酒精、松节油及油漆涂料等，它们的闪点都高，也属挥发和易燃物品。储存时盛装的瓶和桶，应严密封口，妥善存放，置于阴凉干燥的地方，杜绝阳光暴晒，并要远离火源。工作时擦拭后的棉纱头（布）和废纸，在工作结束后，要清除干净。

（2）在溶剂使用过程中，如调漆喷涂、刷涂、浸涂等，以及粘胶剂的配制，都应严禁烟火。

（3）在上述工作环境中，要配备各种消防器材和工具，如水缸（水池）及灭火器、砂箱、提水桶、钩铲等工具，用于意外火灾发生时急用。

（4）有条件的地方和单位，应配置一些设备，如排油扇，冲洗水管及装有水源的水龙头，使之能保持室内通风良好，场地干净不留污物。

2．防毒

1）有毒物质的危害

各类油漆涂料稀释溶剂，属于有机化学材料。按其类别不同，分别含有苯、铅、氨基、硝基等对人体极其有害的成分。尤其是硝基渗透浸入人体内，可与氮质产物结合而成为亚硝胺类物质，科学研究证明，此类物质具有很强的致癌作用。

另外大部分有机化学物质，可使人的机体发生过敏。油漆稀释溶剂中含有的苯、甲苯、甲二苯均有毒。甲醇有剧毒，不能单独使用。某些涂料中含有微量甲醇，而硝基漆稀释剂、香蕉水、甲异丙酮、环乙酮以及工艺溶剂中常用的乙醇、丁醇等，其沸点低、挥发快、毒性大，易吸入气管。工作时挥发出来的大量溶剂蒸汽，在浓度高时对人体神经有严重的刺激，危害也大，能造成抽筋、头晕、昏迷、瞳孔放大等症状。一般低浓度时也会感有头痛、恶心、疲劳和腹痛等现象。长期接触上述物质，会使食欲减退，损坏系统，发生慢性中毒。

在其他涂料中，也含有有毒物质，如颜料中的红丹、铅、铬黄等，所以在使用时应有一定的预防措施，以防止某些涂料引起急性和慢性铅中毒。

2）涂饰中的安全措施

（1）操作人员使用溶剂稀释各种漆液，在刷涂与喷涂时，必须戴好口罩、防护帽和手套，穿好工作服，外露皮肤涂上医用凡士林，不让溶剂蒸汽挥发而吸入人体和接触皮肤。

（2）在操作室内工作时，应开动通风设备，抽排除残存漆雾和溶剂蒸发的气体，如没有抽排气设备，应打开窗户和门通风。

（3）操作完毕后，应及时清洗漆具。尽量不使皮肤接触接触溶液，工作完后揩去皮肤上的凡士林，再用湿水和肥皂洗净手脸并漱口。

（4）扫去身上的灰尘，脱去工作服工作帽。

（5）关掉电源，清除一切杂物。

3. 粘胶剂的安全使用

粘胶剂均具有一定的刺激性和毒性，在进入人体后，能与人体的有机体组织发生化学反应，破坏正常人的生理功能，有些毒物在人体内长期积累会发生慢性中毒现象，或者引起急性中毒甚至丧失生命。

（1）中毒途径：

① 有害物质经呼吸道吸入人体。

② 有害物质经消化道浸入人体。

③ 有害物质经皮肤表面浸入人体。

（2）安全措施：

① 一定要严格按照操作规程工作。

② 操作场所一定要保证良好的通风。有条件的单位要安装排风扇（或抽气扇），能迅速抽出有害气体。

③ 如大面积粘胶操作时，要穿工作服及戴防护用口罩、手套和眼镜等。遇到皮肤过敏时，要立即用肥皂水洗手，并迅速排除室内异味气体，在门外吸入一阵新鲜空气后，再进入室内工作。

④ 凡在操作室内工作时，严谨进食饮水，操作完毕要用肥皂冲洗或淋洗及漱口。

⑤ 粘接剂要注意防火安全，储存时放置阴凉可靠之处。

8.3　工具的正确使用

当进行手工加工制作模型时，除了必要的物质材料为基础外，加工设备和工具是发挥手工技巧和提高劳动效率的保证。因此，我们应该选择合适的工具设备，然后正确地使用它们，才会有事半功倍的效果。

1. 要按正确方法使用

大家都知道加工工具刃面很多，而且又非常锋利，使用中切勿粗心大意，否则易发生严重伤残事故。

（1）斧头、錾子、凿子要注意手的拿法，正确掌握操作要领。砍削木材与錾削金属时，注意勿伤手脚。

（2）使用手工锯、手工刨、电锯与电刨时，极易损伤手指，使用曲线锯、型材切割机等均应注意正确操作方法，以防事故。

（3）电烙铁使用前应检查是否漏电，如有漏电应找出原因，待排除后方能使用。使用完后注意断掉电源并拔出插头，以防过热引起火灾。

（4）使用汽油喷灯加温时，应注意防火。

2. 工具的正确放置

工具要分类存放，摆放整齐，不用的要放到工具箱内。工具和量具不能随意堆放，避免锋利刃口面受到损伤。精密量具如游标卡尺、千分尺等堆压变形后，会严重影响精度准确性。要养成爱护工具的习惯，在工具使用完后，要及时擦拭干净。有些工具要涂抹防锈油以防生锈，然后分类放入工具箱内。

8.4　安全操作规程

在设计制作模型时，特别是大型模型，需要用较多的设备和工具，为了防止事故发生，必须严格强调安全操作规程。

操作规程是根据设备的性能、使用特点和方法制定的安全规范，是依据客观规律所制定的法则。如果遵守操作规程，就可以避免事故的发生，否则就可能发生不必要的事故，重者会伤残人体，轻者也会发生拉伤皮肉，或者碰伤筋骨。

1. 注意设备安全防范

凡从事机加工的各种设备，都必须配有安全防护罩或防护网，并应设计警示标志。

2. 严守操作规程

（1）在加工操作时，应集中精力，按规程操作，以防事故发生。如使用砂轮机磨削时，规定不能磨削软金属材料，不能用力过猛或大力磨削，否则会发生砂轮爆裂伤人。

（2）加工前应将工件夹紧，防止甩出伤人或砸坏机床刨面与刀具。

（3）凡加工较小焊接件，应仔细检查是否焊牢，如是粘结件，要等到固化干透后，方能上机床加工。

（4）机床在开动时，严禁用手或带纱线手套去扫除铁屑，防止被刀具带进发生伤残事故。

（5）注意用电安全，有些国外进口的电气设备，所使用的安全电压为 110 V，而我国普遍采用 220 V 电压，如果稍不注意，插错电源就会烧坏设备。

3. 注意人身安全防护

（1）操作机床要穿工作服（紧口袖），带工作帽（特别是女同志）。烧电焊要戴防护面罩或防护镜。

（2）在进行油漆喷涂或涂抹粘胶剂时，要带口罩，以免吸入有害微粒，损伤身体。如进行上述工作时，遇到头昏眼花恶心不适时，应立即离开现场，到门外吸入一阵新鲜空气后就会恢复正常。

（3）錾削和锡焊时，要防止錾下碎片飞溅伤人，以及锡焊时的盐酸焊剂溅到身上。

（4）加工金属件时，有条件的可戴平光眼镜，以防铁屑溅入眼内。

4. 遵守纪律，听从指导

开动机器设备前，必须先请示，经同意后并要熟知设备操作规程，才能开动机器。

5. 消除疑虑

讲述了有关安全知识后，有些人怕出事故，而产生一种畏缩情绪，这是不必要的。

只要按操作规程去做，集中精力操作，不蛮干，不盲目干，胆大细心，以严谨的工作作风，完全可以避免发生事故或少发生事故。

随着模型技术的发展，机械化正成为模型制作的主流，我们应该严格遵守安全操作规范，按正确的方法进行模型的制作。

小　结

　　本章介绍了模型的检测与评价、工具的正确使用和一些安全操作规程。模型的检测与评价过程也就是设计方案认可或完善优化的过程，这是必不可少的一个过程。对一个模型的检测分析，首先是目视观察：造型美观大方、色彩质感宜人、结构合理符合人机工程，只有从视觉上得到认可，才能进行下一步的检测。然后运用各种量具进行数据的测量，与设计产品的资料比较。最后就是结构性能、物理性能、化学性能的检测，这个过程会用到许多机械设备和技术原理，这就需要大家更广泛的涉猎知识和理论。

　　在模型制作过程中，大家最应该注意的就是安全操作规范。在现代的许多工厂里经常会发生各种事故，归根到底就是因为工人不按安全规范操作或工厂不按要求管理，这是一个重大的安全隐患。所以，在以后的模型制作过程中，无论用不用大型机械，都应该认真对待，不要因为操作简单就掉以轻心，这是非常不可取的。

实 践 课 题

安全操作规范学习

　　内容：选择一个模型制作工厂，观看工厂内张贴的安全操作规范书和工人的操作规范，向他们询问避免安全事故的方法与操作规范。

　　要求：整理自己的记录并书写考察实习的心得体会，制作成电子版展示报告，在课堂上讨论交流。

第 9 章　产品模型制作实例赏析

【学习目标】

- 掌握利用多种材料来完成产品模型的制作工序；
- 体会产品模型（样机）制作在产品设计中的意义。

【学习重点】

- 产品计算机模型的建立和结构的分析；
- 产品模型制作过程中每一个步骤的技巧与注意事项。

一个产品并不只是仅有一种材料来完成模型的制作，更多的情况是有多种材料组成或在制作过程中会用到其他材料的制作，这就要求制作者熟练地掌握各种材料模型的制作方法和技巧，以完成整个模型的制作。

前面的章节分别介绍了各种材料的性能、制作时用到的工具及其成形的程序和方法。读者应该将它们联系起来看，找出它们的相同与不同之处，加以总结，这样会有利于读者更好地掌握产品模型的制作。下面将详细地介绍一个产品的模型制作过程，其中包含多种材料的使用，望能够对学习模型的制作起到一定的作用。

该产品是山东邮政兔年邮筒（见图 9-1），它是由上部小兔吉祥物部分和下部邮筒主体部分组成，且两者可以自由拆合，拆开后其下邮筒部分可以单独使用（也便于以后在其上部安放其他类型的吉祥物），整体设计采用了上下盖凹凸式组合方式，小兔置于邮筒之上时处于卡合状态，再对其进行螺钉固定，使整体产品达到连接牢固的要求，与此同时，卸下螺钉即可取走小兔吉祥物部分。

图 9-1　兔年吉祥物邮箱样机模型

鉴于本款设计上下部分不同的造型方式，最终决定将整个邮筒分成两部分进行模具生产：小兔吉祥物部分造型相对复杂，采用易于出模的硅胶模具，而且前期还需小兔泥塑样品；邮筒部分造型相对简单、规整，可以直接采用玻璃钢硬模出模。所以，最终在充分考虑生产进度和出模方式的基础上，决定将整个产品分成两条生产线，并行同步生产。

9.1 邮筒部分模型的制作工艺

9.1.1 前期准备工作

设计师需要十分全面地提供产品的设计尺寸，而且设计师要有熟练的 AutoCAD 能力，这是模具能否做好的第一步。

对于设计师来说，了解产品的生产工艺及流程也是非常重要的，它可以使设计师在产品设计阶段就充分考虑到加工时的各种问题，这样就避免了产品在出模具时遇到一些出模问题而导致的可能要不得不去改变一些细节以满足加工的需求。

在邮筒的具体尺寸等细节确定以后，就要对产品的模具结构进行分析设计。玻璃钢模具有阴模、阳模、对合模等，具体选用哪种类型要看产品的结构、工艺、质量要求等。不管选用哪种类型，做之前先分析产品结构，要考虑怎样分型，以便于脱模。组合模具要合理选择分型面，选择的分型面应便于拼模、脱模，不易损坏模具表面。通过分析，设计出一套模具结构方案。

对于大型或复杂形状的制品，往往做成分块模。模具分块的宗旨是：合模的毛边尽量少，毛边最好能成为美丽的线条。经过分析，决定将邮筒分成 A、B、C、D 共 4 块出模，而要对组合模 A、B 进行分型，分型面分别为①、②（见图 9-2）。但是玻璃钢模具难免会有很明显的分模线，所以合模的过程中应尽量消除这个分模线，或者通过后处理涂胶衣等尽量弥补分模线，修补完成之后，基本看不出来。

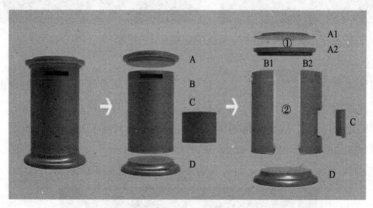

图 9-2 模具结构方案

9.1.2 母模制作

母模制作是制作模具的关键和前提，其制作工序中的所有缺陷，都会直接"拷贝"到成形模具上，用它制作的制品，全都会重复这种缺陷。因此，用何种材料制作母模并不重要，关键是最终尺寸精度地保持、表面精加工的水平、折旧分摊等情况。制作母模应注意以下问题：

（1）为确保制品的性能，在形状和尺寸上应该精确地进行制作。

（2）母型应该坚固，足以承受翻制玻璃钢模的收缩力。

（3）应事先在母型基座上设定基准点，以使尺寸能正确而又容易地进行核对。

（4）应事先充分探讨脱模方法，在母型工序中就安排好切割边界的设置方法、脱模斜度、做成分块模的合模方式。

（5）拐角的圆弧半径不应小于 5 mm，这样不至于在拐角形成空洞。

（6）应充分考虑收缩余量，并事先予以补偿。

（7）母模的表面精修和光泽状态与制品应为同样等级。

制作母模的材料有很多，一般要求作主模的材料易成形，易修整，且有稳定性好等特点。如木材，石膏，蜡等。在邮筒母模的制作过程中主要采用木材、石膏两种材料。其中 A、D 部分采用石膏材料，B、C 部分使用木材制作。

1. 回转体石膏母型 A、D 的制作

1）自制旋转控制台

自制旋转控制台，如图 9-3 所示。

图 9-3　制作旋转控制台底座

2）制作刮板

对于制作回转体来讲，只需制作一块具有对半形开槽的刮板即可，刮板的负形凹槽面需要制作精确，然后把型板的中心与为轴的旋转器靠紧。其中刮板的制作是整个过程的重点，和母型在整个模具制作中的地位一样，刮板的精细程度直接决定了石膏母型的表面光洁度。

制作刮板步骤如下：

① 划线，按照图样尺寸在母板上划对半负形模板，如图 9-4 所示。

图 9-4　划线

② 裁切，使用曲线锯沿划线裁切出刮板，如图 9-5 所示。

图 9-5 裁切

③ 打磨，对负形模板表面进行打模，确保精细度，如图 9-6 所示。

图 9-6 打磨

④ 制作旋转销，如图 9-7 所示，在刮板转销钉子处加一固定转轴，可以使样板绕其旋转，从而旋转出外形，如图 9-8 所示。

图 9-7 制作旋转销

图 9-8　在刮板转销钉子处加一固定转轴

⑤ 用大号砂纸对样板进行精细打磨，如图 9-9 所示。样板打磨好后，在其表面涂上一层树脂，可以增加刮板强质和光洁度，如图 9-10 所示。

图 9-9　精细打磨

图 9-10　在其表面涂上一层树脂

3）石膏旋转成形

石膏体旋转成形的第一步是进行石膏浆的调制，石膏的调制是整个旋转成形过程的基础，调制方法前面已经介绍，此处不再赘述。石膏浆的和制如图 9-11 所示。

图 9-11　石膏浆的和制

石膏活制完后就可以进行石膏的浇注成形。慢慢浇注石膏到旋转控制台上（见图 9-12），在浇注石膏的同时要不断转动刮板，每浇筑完一次，就需停顿片刻。这样反复多次，每次石膏就增加一定的厚度，直到石膏能被旋转地刮板刮除多余石膏。由于石膏在浇注的过程中分布得不均匀，这时应一边旋转刮板一边将多余的石膏涂抹在形体的不足之处，使形体随着旋转刮除而逐渐完整（见图 9-13）。伴随着刮板的旋转，石膏也逐渐凝固，此时一个回转体也初步成形（见图 9-14），但表面仍然较为粗糙，这时应做表面修整：先清除刮板上刮余的石膏，重新调一些较稀的石膏浆，浇注在石膏体和刮板之间，慢慢转动刮板。

图 9-12　将石膏浆浇注在旋转台上

图 9-13　刮涂多余石膏

图 9-14　回转体初步成形

4）石膏表面打磨

石膏母模旋转成形之后，需要进行修补和打磨，首先要用泥子和原子灰修补表面（见图 9-15），再进行梯度精细打磨（见图 9-16），直到整个石膏表面光滑为止。对于石膏母模，需要进行梯度打磨，一般采用 120 号、180 号、240 号梯度的砂纸。在玻璃钢模具制作中，后期还要对玻璃钢模具进行极为精细的梯度打磨，砂纸型号从 500 号开始，600 号、1 000 号、1 500 号、2 000 号等精细度不断增加，最后采用水打磨，最终得到光亮的表面。

图 9-15　用原子灰补石膏体表面

图 9-16　对石膏体表面进行梯度打磨

采用以上 4 个步骤，回转体石膏母型 A、D 便制作完成。

2．木制母型 B、C 的制作

根据对图 9-2 所示模具结构方案分析，对于 B 部分的模具需要在②处进行分型，那么 B 部分的木制母型就要分成 B1 和 B2 两部分再制作。整个制作过程主要包括筒身制作、投信口取信口的裁切及制作、筒身部分修复打磨 3 部分。

1）筒身的制作

需要使用 15 mm 的双面光胶合板制作上下盖板，再将 3 mm 的单面光胶合板按照尺寸裁切，固定于上下底的弧面上，其过程如图 9-17～图 9-22 所示。

图 9-17　用 15 mm 胶合板裁切 4 块半圆形底座

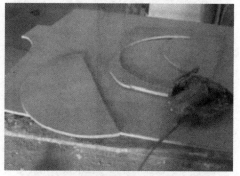

图 9-18　用电动手锯将型板精确锯切

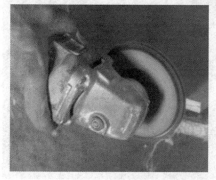

图 9-19　用打磨机对型板表面细致打磨

图 9-20　按照尺寸裁取 3 mm 的单面光胶合板

图 9-21　将裁切好的 3 mm 胶合板沿半圆弧装订好

图 9-22　初步装订好后的筒身部分

2）投信口、取信口的裁切及制作

投信口部分的制作是本产品整个木工活中难度最高的，在制作的过程中不仅要考虑投信口本身下底上倾的特性，而且要保证这个口部分的拔模斜度问题。在精确分析划线及裁切形式的同时又要充分考虑木板之间的定位及粘接。

投信口的制作步骤为：

（1）按图样尺寸在木板上精确划线，确定投信口的精确位置，并将其进行裁切，如图 9-23 和图 9-24 所示。

（2）对按照尺寸裁切下来的投信口木板进行装订，如图 9-25 所示。制作完毕的投信口如图 9-26 所示。

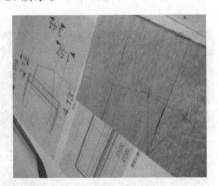

图 9-23　按照图样尺寸在木板上精确划线

图 9-24　裁切投信口

图 9-25　装订投信口木板

图 9-26　制作完毕的投信口

在另一个简单母型上按照尺寸裁出取信口，如图 9-27 所示。

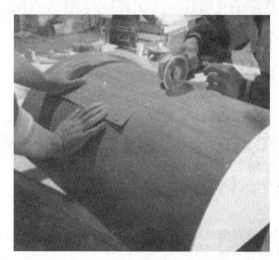

图 9-27　裁出取信口

3）筒身部分修复打磨

将制作好的 B1 和 B2 两部分分别固定在模具制作平台上，进一步将其表面进行修复和打磨，确保母型表面的平整度和光洁度，如图 9-28 所示。

图 9-28　修复打磨后的筒身部分

通过以上步骤，回转体石膏母型 A、D 和木制母型 B、C 部分基本制作完成，在翻制模具之前还需对母型进行修整，修整包括打泥子、整形、尺寸的较正、加固。这一过程主要是对木模和石膏模表面及整体做基本的处理，以保证在尺寸及形式上与图样相吻合。打磨时砂纸的型号由粗至细，直至部件表面细腻平整。

9.1.3　模具翻制与打磨

玻璃钢模具翻制的过程主要可分为母模脱模处理和刷制玻璃钢。

1. 母模脱模处理

对于回转体石膏母型 A、D 和木制母型 B、C 部分进行脱模处理，在母模表面涂刷 3 层脱模蜡，1 层脱模剂，形成隔离层(见图 9-29)。脱模剂的涂刷主要有以下两个用途：

（1）在母模与玻璃钢模具之间形成隔离层，便于玻璃钢的脱模处理；

（2）保护母模表面，延长模板的使用寿命。

图 9-29　均匀涂刷 3 层脱模蜡和 1 层脱模剂

2．刷制玻璃钢

对玻璃钢模具的刷制过程，设计师把它分为 4 个环节，胶衣层的喷涂、合成树脂的调制、树脂的涂刷和玻璃纤维的贴制，以及玻璃钢模具的脱模修整。

（1）涂刷胶衣层。在给母模刷好脱模剂并涂抹均匀后，胎模的表面便非常光洁，下一步关键就是涂刷模具胶衣。将模具专用胶衣用毛刷分两次涂刷，涂刷要均匀，待第一层初凝后再涂刷第二层。胶衣颜色为黑色（模具颜色之所以选择黑色，是为了区分产品的红颜色），胶衣层总厚度应控制在 0.6 mm 左右。注意，胶衣不能涂太厚，以防产生表面裂纹和起皱。

（2）合成树脂的调制。合成树脂模型的材料是以合成树脂为基料（如环氧树脂、聚酯树脂），配上催化剂（即红料，主要增加树脂的黏稠度）、固化剂（过氧化环乙酮，即白料，主要控制树脂的固化时间）调和而成。在环氧树脂或聚酯树脂中加入催化剂，按照 1%～3% 的比例进行调配，调成胶状液体即可使用。调制成的胶状液体为淡黄、带黏稠性、自身不凝结的液体，然后再加入固化剂——过氧化环乙酮后，即可固化。

需要注意的问题：

① 在合成树脂中加入催化剂与固化剂的先后顺序为：先加催化剂（红料），再加固化剂（白料）。

② 通过加入固化剂的量来控制树脂的固化时间。加入固化剂的量大，凝固速度快，易成形。反之，凝固速度慢，不易成形。

（3）树脂的涂刷和玻璃纤维布的贴制。待胶衣初凝，手感软而不粘时，将调配好的环氧树脂胶液涂刷到经胶凝的模具胶衣上，随即铺一层短切毡，压实，排出气泡。玻璃纤维以 GC-M-M-R-M-R-M…（GC 表示胶衣，M 表示 300 g/m² 无碱短切毡，R 表示 0.2 mm 玻璃纤维方格布）的积累方法进行逐层糊制，直到所需厚度。在糊制过程中，要严格控制每层树脂胶液的用量，既要能充分浸润纤维，又不能过多。含胶量高，气泡不易排除，而且造成固化放热大，收缩率大。整个糊制过程实行多次成形，每次糊制 2～3 层后，要待固化放热高峰过了之后（即树脂胶液较黏稠时，在 20℃一般等待 60 min 左右），方可进行下一层的糊制。糊制时玻璃纤维布必须铺覆平整，玻璃纤维布之间的接缝应互相错开，尽量不要在棱角处搭接。要注意用毛刷将布层压紧，使含胶量均匀，赶出气泡。有些情况下，需要用尖状物将气泡挑开。

（4）玻璃钢模具的脱模修整。在常温（20℃左右）下糊制好的模具，一般 48 h 后基本固化定形，即能脱模。脱模时尽可能使用压缩空气断续吹气，以使模具和母模逐渐分离。脱模后，切除模具的多余毛边，把模具边缘修理规整。

在去除多余毛边，把模具修理规整后，将其放到与之匹配的固定铁架上，这时需要进行模具处理的最重要一步，即对模具的表面进行打磨。打磨首先用水砂纸水磨，水磨时水砂纸起点要高，一般从 600 号开始，有些用户为提高工效，从 400 号甚至 400 号以下更加粗的水砂纸开始，为图一时之快，殊不知粗砂纸造成的粗砂痕以后用细砂纸是磨不掉的；600 号以后要 800 号、1 000 号、1 200 号、1 500 号（甚至 2 000 号）循序渐进，一种都不能省，而且要精工细作，舍得下大力气、花细功夫，来不得半点投机取巧。打磨好的玻璃钢磨具如图 9-30 所示。

图 9-30　打磨好的玻璃钢模具

9.1.4　玻璃钢产品翻制

1. 模具表面涂脱模剂

根据所生产玻璃钢产品厚度的不同，选择不同脱模剂。一般用纱布把适量脱模蜡包起来，然后挤过纱布，将脱模蜡均匀地涂覆到模具表面，这样既均匀又节省，不致于脱模蜡大量散落，待其干透（30～60 min），再用干净纱布（或抛光机抛）擦至光亮照人。新模具要上 4～5 次脱模蜡才可使用。第一只产品脱模后，以后每一次脱模上一次脱模蜡即可。为了提高产品光洁度和工作效率，脱模一次要涂一次脱模剂，这样产品光洁度高，又避免使用脱模蜡多次后须清洁蜡污之苦。

2. 产品胶衣颜色的确定

在涂刷玻璃钢产品之前，需要确定产品胶衣的颜色，胶衣的颜色确定了最终产品的颜色，所以，根据设计过程中邮政方面认可的邮筒筒身颜色，生产厂家需要先制作几块胶衣样板，胶衣样板的制作工艺与实际产品翻制工艺相同，这样就可以确保按照胶衣样板制作出来的产品实际颜色不会有太大偏差。最终经比对，确定采用胶衣颜色为艳红，如图 9-31 所示。

3. 涂刷胶衣层

产品胶衣层的涂刷与模具制作时工艺相近，将产品专用胶衣用毛刷分两次涂刷，涂刷要均匀，待第一层初凝后再涂刷第二层。这里胶衣的颜色为艳红，而前面提到的模具颜色选择的为黑色，主要是使产品的艳红色与之有所区分，这样在艳红色产品胶衣的刷制过程中，就很容易掌握胶衣的均匀程度，另外，胶衣层不能涂太厚，总厚度应控制在 0.6 mm 左右，以防止产生表面裂纹和起皱，如图 9-32 所示。

图 9-31 胶衣层颜色的确定

图 9-32 涂刷胶衣层

4．树脂的涂刷和玻璃纤维的贴制

涂刷产品的树脂在调制的过程中需要加入一定剂量的艳红色原料，这样除外部胶衣外，整个内部树脂层都呈艳红色。此后与模具制作时的刷制过程类似，待胶衣初凝，手感软而不粘时，将调配好的环氧树脂胶液涂刷到经胶凝的模具胶衣上，随即铺一层短切毡，压实，排出气泡。玻璃纤维以 GC—M—M—R—M—R—M 的积累方法进行糊制，总共糊制 6 层后即可达到所需的 5 mm 厚度。在糊制过程中，要严格控制每层树脂胶液的用量，既要能充分浸润纤维，又不能过多。含胶量高,气泡不易排除，而且造成固化放热大,收缩率大。整个糊制过程实行多次成形，每次糊制 2～3 层后，要待固化放热高峰过了之后（即树脂胶液较黏稠时，在 20℃一般等待 60 min 左右），方可进行下一层的糊制，如图 9-33 所示。贴制时玻璃纤维布必须铺覆平整,玻璃布之间的接缝应互相错开，尽量不要在棱角处搭接。要注意用毛刷将布层压紧，使含胶量均匀，赶出气泡，有些情况下，需要用尖状物，将气泡挑开，如图 9-34 所示。

图 9-33 树脂的涂刷

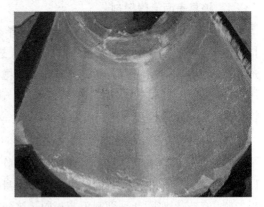

图 9-34 玻璃纤维的贴制

5．边缘修整与合模

在刷裱于模具上的树脂尚未完全固化前，用锋利的刀具沿着模具的边沿，将多余的树脂纤维布整齐的切除（见图 9-35），准备合模，对于 A1、A2、B1、B2 这 4 部分需要按照①②合模（见图 9-2），将筒身的两部分模具外侧边缘的圆形凹槽对齐定位（见图 9-36），用夹持装置固定两部分筒身（见图 9-37），在合模后产品的边缘处继续涂刷玻璃钢，贴制玻璃纤维布，将接缝处修补平整，待玻璃钢固化后，两部分筒身即被连接到一起（见图 9-38）。

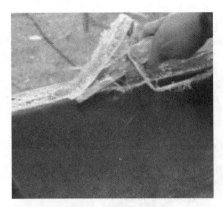

图 9-35　将多余的树脂纤维布切除

图 9-36　对齐定位

图 9-37　固定两部分筒身

图 9-38　筒身前后两部分被连接到一起

6．产品的开模及零件边缘的修整

待玻璃钢完全固化后，即可进行模具的拆卸，对于无须分型的部件，可直接取下产品，对于需要分型的部分，在去除夹持件后，用刀具轻撬模具与产品连接边缘，使紧贴的两部分分离（见图 9-39），边轻抬模具上部分，边慢慢晃动，取走上部模具，操作过程中不要碰触到产品表面（见图 9-40）。脱去胎膜的筒身，即按照图 9-2 中的②合模后的 B1、B2 部分如图 9-41 所示，脱去胎膜的顶盖部分，即按照图 9-2 中的①合模后的 A1、A2 部分如图 9-42 所示。

图 9-39　使紧贴的两部分分离

图 9-40　取走上部模具

　　用电动刀具切除零件边缘多余的玻璃纤维布，修整零件边缘，完毕后放到一边等待组装（见图 9-43 和图 9-44）。对于模具上残余的树脂纤维布用刀具轻轻铲除，清理模具表面，上一层脱模蜡后，准备刷裱下一个产品。

图 9-41　按照②合模后的 B1、B2 部分　　　　　图 9-42　按照①合模后的 A1、A2 部分

7. 各零部件及配件的组装

　　将修整并打磨好的各零部件按照位置组装到一起，邮筒部分便制作完成，如图 9-45 所示。

图 9-43　将零件多余的玻璃钢　　　图 9-44　脱去模具并经过　　　图 9-45　邮筒部分成形
　　　　　边缘修理整齐　　　　　　　　边缘修整的产品零部件

9.2　小兔部分模型的制作工艺

小兔造型部分制作流程，主要包括模具制作、产品翻制和产品喷漆 3 部分。

9.2.1　模具制作

模具制作部分主要可分为泥塑阶段、翻制母模、硅胶模具制作 3 部分。

1. 泥塑阶段

在模型制作阶段有很多的制作方式可供选择，而选择泥模型制作是由泥本身具有的特点所决定的。首先，小兔外形相对复杂，它由许多光滑的曲面组合而成，这要求一种可以灵活生成各种曲面的制作方法；然后，由于工期相对比较紧张，采用泥塑模型可以大大缩短整个产品制作的工期。相对于其他方法，泥模型可以方便地被刮切成任意的形态，非常适合表现小兔造型曲面。其次，小兔外形设计常常有反复的过程，要对模型做反复的推敲修改，这需要模型本身具有可塑性。

本次小兔造型泥塑模型的制作采用 1:1 的比例，下面讲解小兔造型泥模型制作的基本步骤。

（1）准备图样与工具。常用工具有工作台、油泥刮刀、刮片、模板、金属膜及贴膜工具。图样方面，至少需要顶面、侧面、正面和后面 4 个正投影视图，这里对于造型相对复杂的小兔面部和手部也要打印出图样。图 9-46 所示为小兔的不同面及细节构造。

图 9-46　小兔的不同面及细节构造

（2）模型初胚。根据给定的小兔造型基本尺寸和图样，制作模型的初胚，对于小型的泥塑模型，初胚一般用发泡塑料削切粘合而成，主要是为了给出模型的基本形体，而对于体型稍大的泥塑模型，内部初胚就需要焊接铁架结构并采用较大的废泥块等填充。一般为了避免浪费，初胚在尽量大的同时，也要注意预留上泥的厚度，预留厚度一般在 5 cm 左右，并且尽量减少突出的锐角，以便于后期的对于泥模型的刮切。

（3）上泥。此小兔模型使用的是红胶泥，即经过研磨的普通泥土。上泥的程序分为两步。先上一层薄泥，然后再上一层厚泥，上泥分量的原则是宁缺勿滥，这样做是为了保证泥和模型初胚的结合强度。在上泥的过程中用平整的木板轻敲表面，将泥土压实。上泥的过程如图 9-47 所示。

（4）塑形。据图样把小兔模型的大体体型找出来。这是一个反复的过程，必须多次对照图样，这一过程中最重要的是左手和面部的刻画，其是整个造型的重点。塑形过程如图 9-48 所示。

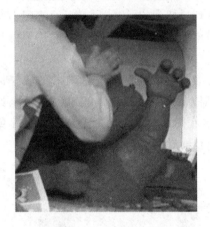 

图 9-47　上泥过程　　　　　　　　　　　　　　图 9-48　塑形过程

（5）细节成形。在把握好小兔的整体轮廓后，即可进行细节部分的刻画，比如嘴部、手部、耳部等。基本上是配合胶条用各式刮刀进行刮切，最后用薄刮片修整。

（6）模型保养。在模型的塑造作业过程中，要用喷壶间断性的对泥体喷施雾水，以保持必要的湿润度和可塑性（见图 9-49），每次工作完毕后，要用密封性较好的软质塑料薄膜将模型盖住，以防止第二天泥模型干裂（见图 9-50）。

 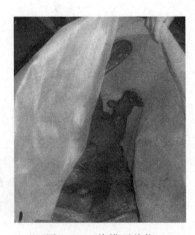

图 9-49　用喷壶间断性地对泥体喷施雾水　　　　　　图 9-50　将模型盖住

2．母模翻制阶段

由于对于产品表面光洁度要求比较高，单凭泥模型翻制出的硅胶模的表面光洁度没法达到，这样就需要进行两次翻模，第一次翻制模具后，用该模具浇注一个石膏母模，再次对石膏母模表面进行修复和打磨，利用打磨光滑的石膏母模进行二次翻制，这时翻制出的石膏模具表面光洁度即可达到我们的使用要求。下面进行模具的一次翻制。

1）泥模型的表面处理

在上个步骤制作好泥模型后，在翻模前还需要对表面进行处理，首先用薄刮片将表面刮亮（见图 9-51），用喷壶给表面罩两层清漆（见图 9-52），使表面更光滑，且便于脱模。

图 9-51　用刮板将表面刮亮　　　　　　图 9-52　给表面喷两层清漆

2）硅胶模的刷制

试胶，初步确定软胶与固化剂的比例，一般一瓢大约 2 kg 软胶兑三盖固化剂，固化剂的多少决定硅胶凝固的时间，一般情况下，一瓢硅胶兑一盖固化剂大约需要一个小时才能凝固，例如 100 g 硅胶，加入 2 g 固化剂。

完成试胶之后，便对硅胶与固化剂之间的使用比例有了初步把握，下面便开始刷制硅胶，取一定剂量的硅胶后，倒入固化剂，搅拌均匀，硅胶与固化剂一定要搅拌均匀，如果没有搅拌均匀，模具会出现一块已经固化、一块没有固化，硅胶会出现干燥固化不均匀的状况，这会影响硅胶模具的使用寿命及翻模次数，甚至造成模具报废。

由于硅胶具有一定的流动性，所以将胶液用滴流的方式倒在模种的最高部位，让其自然流淌（见图 9-53），流不到位的地方用油画笔刷到位，如果是片模硅胶，不但要充满整个产品，而且胶泥上也要刷均匀。每一个产品至少刷三层硅胶，每一层硅胶的厚度为 1 mm，在刷硅胶的过程中，要求每一层固化后才能刷另外一层，在刷第三层时要在第二层上面加一层纱布来增加硅胶的强度（见图 9-54）。整个模具硅胶部分根据产品的大小不同，要求厚度控制在 3～4 mm，宽度不大于产品宽度 60 mm，由于产品较大，为减少硅胶开模后的变形，尽量将硅胶涂抹厚实一些，这样做出来的硅胶模具使用寿命及翻模次数相对要提高很多，可以节省成本，提高效率，硅胶开始凝固时间为 20 min，待硅胶基本凝固时，用小刀将表面突起明显或滴凝的部分切掉。

3）外模的制作

对于小型产品，一般采用的方法是将模具四周用胶板或木板围起来，使用石膏将模柜灌满就可以了，但是这里，对于大型产品，大多采用树脂涂刷的方式，涂刷一层树脂就粘贴一层玻纤布，再涂刷再粘贴，反复两三层就可以完成模具外模了。

图 9-53　刷涂硅胶

图 9-54　用纱布来增加硅胶的强度

4）母模的表面处理和分型

待玻璃钢外模完全固化后，便可开模，依次取下玻璃钢和硅胶模，将硅胶模洗净晾干，在表面打一层脱模蜡或涂刷一遍脱模剂，作光滑处理（见图 9-55）。处理完后，将硅胶内膜和玻璃钢外模重新组装起来，用胶板或玻璃板倒立围起来，让底面口部朝上，将活制好的石膏浆灌注到硅胶模内部，石膏固化成形后即可打开模具，取出石膏母模。

对于石膏母模，一般采用 1 500 目砂纸进行表面打磨（见图 9-56）。这里，为了便于从硅胶模中脱出产品，模具师傅把小兔不易出模具的耳朵和手部分从母体中分割开来，将耳朵和手单独做模具，等最终玻璃钢产品生产出来后，再将耳朵和手部分与整个身体对接，进行表面修复即可完成。

图 9-55　开模

图 9-56　母模的打磨

3．硅胶模具制作阶段

1）硅胶内模刷制

第二次刷制硅胶模与第一次不同，本次刷制完的硅胶模具将直接用于产品的翻制，而且经过上一过程中对石膏母模的分型，硅胶的刷制变得相对比较简单，与前面刷制硅胶工艺相似，软胶与固化剂的比例大约为 100:2，一瓢大约 2kg 软胶需要兑三盖固化剂，固化剂的多少决定硅胶凝固的时间，一般刷第一遍硅胶时要特别注意，固化时间应尽量长一些，将胶液用滴流的方式倒在母模的最高部位，让其自然流淌，流不到位的地方用油画笔刷到位（见图 9-57），注意暗部加胶，将软胶涂抹到位，涂抹均匀，在整个刷制的过程中，要不断将流下的软胶重新刷到产品上，这样不断重复，直到软胶凝固为止，等第一层凝固后，即可采用同样方式刷制第二层，给母模刷制 3 层硅胶后，硅胶厚度基本达到 3 mm，第三层后开始在硅胶上面加纱布来增加硅胶的强度（见图 9-58）。整个模具硅胶部分厚度控制在 6～8 mm。

图 9-57　刷制硅胶内模

图 9-58　用纱布来增强硅胶强度

2）硅胶内膜的表面处理

在上胶完毕后，要对硅胶表面进行适当处理，嘴等凹陷的地方要用硅胶废料填平，这样便于外模出模，对于表面的硅胶疙瘩要切掉，这些处理都是为了让硅胶内模和玻璃钢外模更好的贴合。

3）玻璃钢外膜的制作

此处玻璃钢外模制作工艺与上面相似，采用树脂涂刷的方式，涂刷一层树脂就粘贴一层玻璃纤维布，再涂刷再粘贴，反复两三层就可以完成模具外模了，但是这里要注意的是，对于玻璃钢外模要制作分模线，采用纸片即可，用纸片沿硅胶内膜前后对称线绕产品一周。

按照如上方法，在粘完纸片后，玻璃钢外模前后部分便可分开，在开模之前，用电钻绕分模线一周钻上螺钉孔，用螺母固定。

值得注意的是，对于模具的外膜可采用石膏模或玻璃钢模，此处之所以采用后者，是因为玻璃钢模相对质轻，便于以后进行产品翻制。

4）打开内外模

等玻璃钢外模固化后，便可进行开模，对于玻璃钢外模，要先去掉分模线上的螺钉，将前后玻璃钢模型分开，硅胶内膜直接从石膏母模上拔下即可，对硅胶内模加以冲洗、晾干，小兔造型模具部分便制作完成。

9.2.2　产品翻制

对硅胶内膜和玻璃钢外模进行简单的清洁之后，将内外模具按照顺序重新组装起来，这里不再灌注实心石膏浆，而是要刷制空心的玻璃钢，所以只需将模具平放，让底面口部朝前，开始调制树脂，刷第一遍树脂时，白料要尽量少些，即玻璃钢固化要慢一些，将调好的树脂倒入模具内部（见图 9-59），然后以底口平面的轴线为转轴，慢慢滚动整个模具，还未凝固的树脂便在硅胶模具内表面流动，掌握好模具旋转的方向和方位，让树脂均匀的流到模具表面的每一个角落，尽量让玻璃钢在凝固之前充分覆盖模具表面，然后采取同样的方式刷第二遍、第三遍，直到达到所需厚度为止。待模具内腔恒温之后便可以脱模（见图 9-60）。

　　按照如上步骤即可批量刷制玻璃钢产品，脱模后的产品，要将主体部分和耳朵手部粘接起来，再经过细致地修补和打磨，玻璃钢产品方可完成。

图 9-59　刷涂树脂

图 9-60　脱模

9.2.3　产品喷漆

　　如图 9-61 所示，小兔颜色可分为 3 大块：耳朵、头部和胳膊部分为桔黄色；胡须、腮部和手部为粉白色；衣服为深红色。另外小块部分，白眼球、黑眼珠、白色高光、浅蓝色高光，共 7 种颜色，对于 3 大块颜色可以进行喷漆处理，对于 4 小块颜色部分要进行彩绘。

　　喷漆过程，主要思路是先深色后浅色，首先需要将面部和手部罩住，将下部深红色部分和上部桔黄色部分喷涂完成，然后分别将上下部分沿与脸部白色部分的分界线遮住，进行粉白色部分的喷漆，如图 9-62 所示。

图 9-61　确定小兔颜色

图 9-62　给小兔各部分分别上漆

彩绘过程。大的色块喷漆完毕后，待漆稍干，便可进行小色块部分的彩绘，彩绘主要用到的是水粉笔，具体思路也是先大面后小面，上色要细心均匀切不可急躁，如图 9-63 所示。

小兔喷漆和彩绘完毕后，整个小兔便可显得比较逼真，这是等小兔表面漆完全干透之后，用抹布擦拭一下表面，即可在外壳上罩一层清漆（见图 9-64），清漆的作用主要是提高彩绘小兔表面亮度。

图 9-63　给兔子的细部上色　　　　　　　图 9-64　在兔子表面涂一层清漆

这样，小兔部分便制作完成。

下部邮筒的制作与上部吉祥物小兔的制作是同步进行的，当两部分制作完毕之后，就可以将小兔置于邮筒之上使之处于卡合状态，然后对其进行螺钉固定，这样一个完美的邮筒设计就完成了。

设计师在制作模型的过程中，对自己产品的设计思路有了一个更好地把握和理解，并能检测是否符合其本来应有的形态、结构和功能。所以说模型制作的过程也是完善和优化设计方案的过程，是检测产品能否投产的依据。

本款产品模型制作完毕后可以对其进行检测，采用前面提到的目视分析法、量具测量法、性能上的检测、人机关系的适宜性检测以及艺术效果的评价等。吉祥物小兔的造型可爱，具有拟人化效果，色彩鲜亮、炫目突出，邮筒部分的投信取信口设计的人性化、底部稳重浑厚的效果，上下部分结合巧妙，这些都符合作为一款邮筒设计的要求。只有经过了模型的推敲与检测，产品才能够进行大批量生产而不会出现一些可以避免的问题。

这就是邮筒模型制作的整个过程，它包括石膏、木材、玻璃钢、硅胶等不同材料的运用，我们应该从中学习有关模型制作的方法与技巧，并从这些制作过程中多总结，以更好地服务于我们未来的设计，真正的体现我们的设计思路。

实 践 课 题

完整模型制作

内容：选择一个电子三维模型，根据本书所学知识，按照流程详细完整的制作产品样机。

要求：整理自己的记录并书写考察实习的心得体会，并制作成电子版展示报告，辅助所制作模型在课堂上讨论交流。

参 考 文 献

[1] 俞英，韩挺，李勇. 产品设计模型表现[M]. 上海：上海人民美术出版社，2004.

[2] 周忠龙. 工业设计模型制作工艺[M]. 北京：北京理工大学出版社，1995.

[3] 赵玉亮. 工业设计模型工艺[M]. 北京：高等教育出版社，2001.

[4] 潘荣，李娟. 产品设计模型制作基础[M]. 北京：中国建筑工业出版社，2005.

[5] 郑启建. 模型制作[M]. 武汉：武汉理工大学出版社，2001.

[6] 许明飞，王洪阁. 产品模型制作技法[M]. 北京：化学工业出版社，2004.

[7] 张荣强. 产品设计模型制作[M]. 北京：化学工业出版社，2004.

[8] 谢大康. 产品模型制作[M]. 北京：化学工业出版社，2003.

[9] 江湘云. 产品模型制作[M]. 北京：北京理工大学出版社，2005.

[10] 江湘云. 设计材料及加工工艺[M]. 北京：北京理工大学出版社，2003.

[11] 邬烈炎. 产品设计材料与工艺[M]. 合肥：合肥工业大学出版社，2009.

[12] 郑建启，刘杰成. 设计材料工艺学[M]. 北京：高等教育出版社，2007.

[13] 程能林，刘长英，王铁桩. 产品造型材料与工艺[M]. 北京：北京理工大学出版社，2007.

[14] 张耀引，任新宇. 工业设计常用材料与加工工艺教程[M]. 南宁：广西美术出版社，2009.